# 中国古代建筑概说

乐嘉藻 著

山西出版传媒集团 山西人民出版社

图书在版编目（CIP）数据

中国古代建筑概说／乐嘉藻著.—太原：山西人民出版社，2020.9
ISBN 978-7-203-11561-8

Ⅰ.①中… Ⅱ.①乐… Ⅲ.①古建筑—研究—中国 Ⅳ.①TU-092.2

中国版本图书馆 CIP 数据核字（2020）第 147723 号

## 中国古代建筑概说

著　　者：乐嘉藻
责任编辑：魏美荣
复　　审：赵虹霞
终　　审：秦继华
装帧设计：老　刀

出 版 者：山西出版传媒集团·山西人民出版社
地　　址：太原市建设南路 21 号
邮　　编：030012
发行营销：0351-4922220　4955996　4956039　4922127（传真）
天猫官网：https://sxrmcbs.tmall.com　电　　话：0351-4922159
E－mail：sxskcb@163.com　发行部
　　　　　sxskcb@126.com　总编室
网　　址：www.sxskcb.com

经 销 者：山西出版传媒集团·山西人民出版社
承 印 厂：天津画中画印刷有限公司

开　　本：650mm×960mm　1/16
印　　张：13.75
字　　数：180 千字
印　　数：1—5000 册
版　　次：2020 年 9 月　第 1 版
印　　次：2020 年 9 月　第 1 次印刷
书　　号：ISBN 978-7-203-11561-8
定　　价：49.00 元

# 目 录
contents

# 绪　论

　　人类自野蛮时代，既有居宅。而建筑学之成立，必在文明进步之后。建筑史者，又建筑学中之一部分者也。中国自古无是学，亦无是史，而有记宫室名称与工程之书，皆关于一时之记载，无以窥本国建筑之大意，至《长物志·笠翁偶集》等，则又仅为一部分之研究。嘉藻自成童之年，即留心建筑上之得失，触处所见，觉其合者十之三四，不合者十之六七，常思所以改善之道，然每于图画中见欧人之建筑，则又未尝不服其斟酌之尽善也。二十以后，则好为改善之计划。为之既久，积稿盈箧笥，初不知何事需此，但为之而不厌，亦未尝举以示人。如是者，又二十余年。民国以来，往来京津，始知世界研究建筑，亦可成一种学问。偶取其书读之，则其中亦有论及我国建筑之处，终觉情形隔膜，未能得我真相。民国四年（1915年），至美国旧金山，参观巴拿马赛会，因政府馆之建筑，无建筑学家为之计划，未能发挥其固有之精神，而潦草窳败之处，又时招外人之讥笑，致使觉本国建筑学之整理，为不可缓之事。自念生性即喜为此，或亦可以尽一部分之力。于是以意创为研究之法，先从预备材料入手，如建筑物之观察，图画、印片、照片之收集；次则求之于简编，在经部如《三礼图宫室考》等，在史部，如杂史地志等，子部如类书小说等，集部则各家专集，亦间有涉及者。随时所得，分类存之，如是者又数十年。民国十八年（1929年），自计已年逾六十矣，始取零星散稿，着手整理，而精力衰减，屡作屡辍。三年以来，仅存历史两编，诚恐精力愈退，稿本未定。他人代为，更非易事。爰取既成两编，加以修正，附以杂文，付之梓人。中国建筑，与欧洲建筑不同，其分类之法亦异。欧洲宅舍，无论间数多少，皆集合而成一体。中国者，则由三间、五间之平屋，合为三合、四合之院落，再由两院、三院，合为一所大宅。此布置之不同也。欧洲建筑，分宫室、寺院、民居等，以其各有特殊之结构也。中国则自天子下至庶人，旁及宗教之寺庙，皆由三间、五间之平屋合成，有繁简大小之差异，而无特殊之结构。而平屋之外，有台、楼、阁、亭等，与平屋形式迥异，亦属尽人可用，此实用上之不同也。

本书上编就形式上分类：曰平屋、曰台、曰楼、曰阁、曰亭、曰轩、曰塔、曰坊、曰桥、曰门、曰屋盖、曰斗拱；下编仿欧人就用途上分类：曰城市、曰宫殿、曰明堂、曰园林、曰庙、寺、观。此编之中，亦包有上编之各种在内。关于建筑之杂文，则为附编。关于建筑各方面之研究，残稿零星，将来是否更能整理就绪，未可知也。

其初预定之计划，本以实物观察为主要，而室家累人，游历之费无出。故除旧京之外，各省调查，直付梦想。幸生当斯世，照相与印刷业之发达，风景片中不少建筑物，故虽不出都市，而尚可求之纸面。惟合之简编之所得，凭藉终嫌太薄，故以十余年来之辛苦，仅能得种种概念，至欲竖古横今以求一精确之结论，则未能也。

前两编中上编为各类建筑物，兹先略述其要点，以助识别：

# 一、平屋

普通居处之建筑物，皆名之曰"平屋"，其制由间、架两者结合而成。由梁、柱构成曰"架"，两架对立，以栋桁之属联合之曰"间"，一间必两架。此外，每增一间，必增一架，架数常较间数多其一。如两间者必三架，十一间者必十二架也。最普通者为三间，其一间两间者较少。多者五间，其七间亦较少。至九间以上，则旧日因体制之关系，普通人不能用矣。四间、六间、八间亦甚少见。

北方普通民居，皆一层之平屋，南方则为两层之平屋。北、南平屋，间有不用木架而用砖墙者，此又一式也。

平屋之利用极广，帝王之居曰"宫"、曰"殿"；士绅之居曰"堂"、曰"厅"、曰"厢"；文士之居曰"斋"、曰"馆"、曰"庵"、曰"龛"、曰"书室"、曰"精舍"、曰"山房"，实际皆平屋也，但因其财力、气习之不同，而材料装饰上，有大小、华朴、雅俗之异耳（图1）。

图1

# 二、台

积土而高者曰"台"，今则大抵砌之以砖或垒之以石矣，以平顶而上无建筑物者为限（图2）。

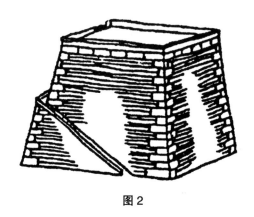

图2

# 三、楼观

台上有建筑物者，初曰"榭"、曰"观"，后名曰"楼"。如各城楼、角楼及钟楼、鼓楼等皆是也（图3）。

图3

# 四、阁

两层以上之建筑为"阁"。后人误名为"楼"，今仍用阁之名。如太和殿前之体仁、弘义两阁；文华殿后之文渊阁；西六宫西之雨花阁皆是。而一层之附属于平屋之侧，强名之曰阁子者，不与焉（图4）。

图4

# 五、亭

独立一间之建筑曰"亭"。其平面多为各等边形，周围有檐，中集高顶，虽间有不合于此者，然甚少矣。若两层以上者，则为阁（图5）。

图5

## 六、轩

轩原为殿堂前后之附属建筑，其形式与平屋大同小异。

## 七、塔

塔为印度佛墓上之装饰物，其后僧墓亦用此名，随佛教而入中国，尽人能识（图6）。

图6

# 八、桥

跨水为道之建筑，其初名梁，今皆名之曰桥（图7）。

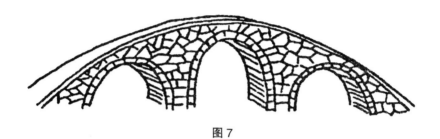

图7

# 九、坊

言坊行表，其来甚久，其初不过一木一石，今则多有跨道为门式者，俗称牌坊。又祠庙中之棂星门，亦属于此（图8）。

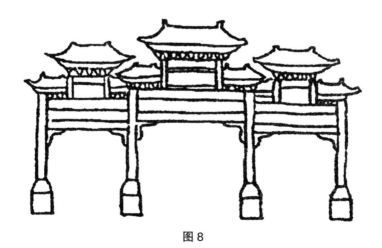

图8

# 十、门

　　此所谓门，指具有独立形式者而言，分墙门、屋门两种。墙门如城门、关门及古之库门、雉门、皋门、应门（观阙之制）、衡门；今之车门、篱门等。屋门如古之寝门等。寻常大门，为三、五间平屋中之一间所成者，不属于此（图9），以其无独立形式也。至于一堂、一室所具之门户，仅由门框、门扇而成者，则属于部分名词之内。

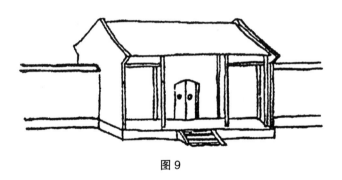

图 9

# 十一、屋盖

屋盖为建筑物之上部分。

# 十二、斗拱

为屋盖下附属品。

以上皆就形式分类。

# 十三、城市

明清时北京城（如图10）。

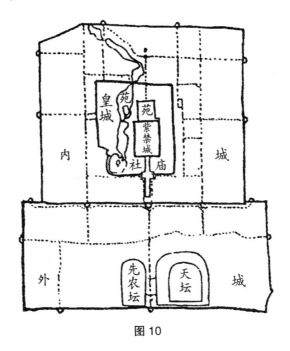

**图10**

# 十四、宫室

限于帝王所居（图11），为北京明清故宫紫禁城。

# 十五、明堂

明堂为古代宫殿之一种（图12）。

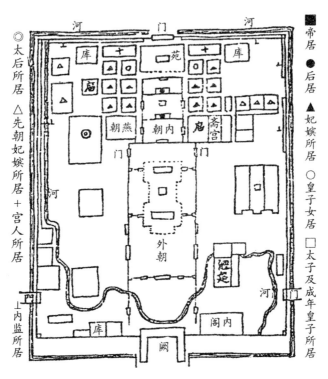

图 11

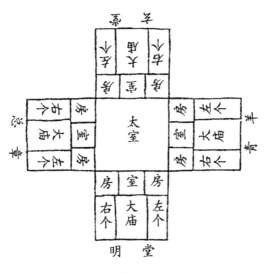

图 12

# 十六、园林

园林多以平屋为主要，以台、楼、阁、亭等为点缀，又于建筑物之外多留余地，造作高山、平池、奇石、幽径等，以为游乐之所（图13）。

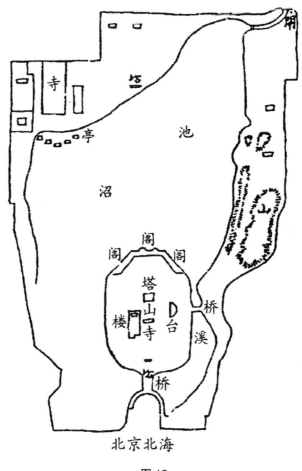

北京北海

图13

# 十七、庙寺观

中国原有天神、地祇、人鬼之名，祭祀则神祇在坛，人鬼在庙，后世皆统于庙矣。今之定名，除佛寺、道观之外，皆称曰庙矣。各姓家祠，亦属于此。寺为佛教徒奉祀之处，观为道教徒奉祀之处，女教徒所住，有称庵者（图 14）。

以上就用途分类。

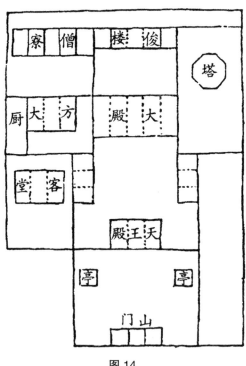

图 14

第一编

# 第一章 屋 盖

中国建筑术中，向无一定名词，今为方便计，谓屋上最高处之平者曰屋脊，尖者曰屋顶。

屋字本为建筑物上盖之名，今名曰屋盖，以免混淆。

屋盖之方长者多用脊，圆形或等边形者多用顶（亦间有用脊者）。

有用脊而兼用顶者，南方普通住宅，于平脊之中央加顶是也。有用顶而兼用脊者，除圆形之屋盖外，等边之屋盖皆有陵脊，如四方者四陵脊，六方、八方者，六或八之陵脊是也。

等边屋盖之平脊，除寻常平脊外，又有十字脊，每脊外端之下，各有二垂脊。

在顶下者曰陵脊，在平脊之下者曰垂脊，其实皆斜脊也。但棱脊之位置为辐射的，垂脊之位置为对称的。

中国建筑上现有之屋脊与屋顶，于下分论之：

前后有檐，而中为平脊，左右对墙者，曰两注屋盖（图1）。

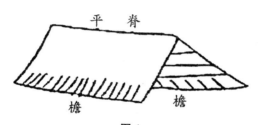

图1

　　四面皆有檐，而中为平脊，自平脊之每端，接两垂脊以达于两角，曰四阿屋盖（图2）（阿，即垂脊，昔人以为今之檩者误）。

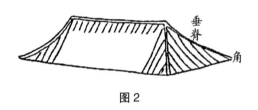

图 2

　　四面皆有檐，而中为平脊，自平脊之每端折下，成纵面之"人"字形，是曰屋山，再接两垂脊以斜达于两角者，曰四溜屋盖（图3）。

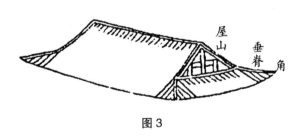

图 3

　　两注、四阿、四溜，皆用焦循《群经宫室图》原名。

　　以上皆用脊，施之于长方形之建筑物。

　　圆形而中攒高顶者，曰圆屋盖（图4）。

图 4

等边而中攒高顶，分接棱脊以达于隅角者，曰四方屋盖、六方屋盖、八方屋盖（图 5—图 7）。

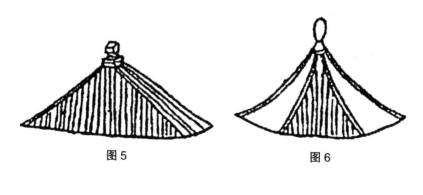

图 5

图 6

图 7

　　四方形屋盖，上为四出之平脊，中心有顶，而每脊之端，各由一屋山以接于四隅之垂脊者，曰十字脊屋盖（图8）。

　　以上皆用顶，施之于圆或等边之建筑物。

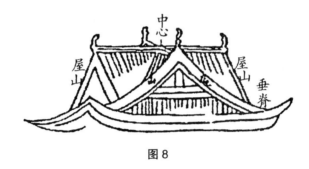

图8

　　两注屋盖，其源甚早，今之农家看青之棚，即有用树枝草稿编成之物，由两片合成人字形者（图9），即两注屋盖之滥觞。此为居处工程之最简单者，亦即人类居处物最早之形式。盖自吾人未开化之时代，即有之矣。

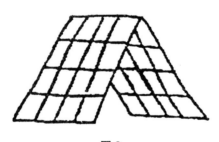

图9

昔人谓两注屋始于夏，盖亦极言其早也。其实夏前已有之，如舜之茨屋，非用两注，何以下水？

四阿屋盖，在文化进步后，为最庄严之制度。然吾人之初入农业之时代，即已有之。盖今日之下等生活，每与人类早期之生活法相类，农家之住所，多由土、木、草稿之三者构成，而最初之草房，即为长方形而用四阿之屋盖者。今日南方农家及旧画中之草屋，亦多具有此形式（图10）。彼壮伟乔皇之太和殿，亦不过由此而发扬光大之耳。盖四周有檐，为避风避雨最完密之法，而非用此式，又复不易结合，故不期而成此状也。

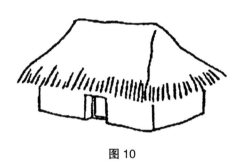

图 10

四溜之式，草房中亦有之，然其工程则较四阿者又稍复杂矣（在今代建筑中，四阿之工程较四溜者繁重。然在草屋之工程中，则四阿较四溜为易）。四阿草屋之骨架（图11），四溜草屋之骨架（图12），此图较之四阿者，多两木材组成之架，故其结构之成功，必在文明比较进步之后。今日四溜式之保和殿，亦即由此发达者也。考之《礼经》，此式为三代时诸侯以下之屋制，焦循《群经宫室图》有图（图13）。

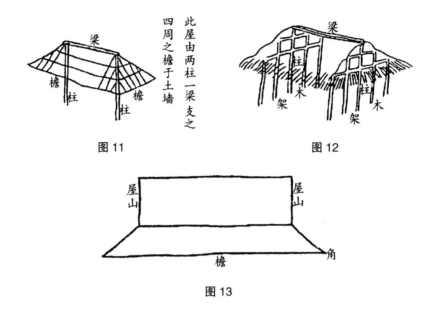

图 11

图 12

图 13

如焦循所考，则今日之四阿屋盖，为殷代旧制，惟天子得用之。今日之四溜屋盖，为周代旧制，自天子以至诸侯、卿大夫皆用之。据此则明、清两代，太和殿、乾清宫，皆用四阿制，保和殿、坤宁宫，皆用四溜制，亦即我国古代以来，相传之制也。

民国以前，长方式之屋盖，除皇居之外，未有用四阿制者（草房除外）。而四溜者，则庶人亦得用之，然多数所用，皆两注式，此非有体制之关系，盖四溜即周檐，须地势宽广，始相宜也。

以上为屋脊考。

圆屋盖，今日惟亭与塔用之最多，其制盖始于周。明堂之屋两重，上圆下方，略如今之重檐。今日北海五龙亭中之一，即有此式，既为圆形，则其上必攒集而成高顶，自无疑义。

四方而为攒高者，在三代之时无可考，既有圆屋之顶，则四方屋顶，自更易易，但因无明文可征，不能遽下断语耳。至汉班固《西都赋》曰"上觚棱而栖金爵",此则可证其必为四方屋盖也。班固此文,指凤阙之屋盖,凤阙为一台上有建筑物之楼,在长安建章宫。觚者,三代时铜制之酒器,全形分三部,在足部者上敛下放,颇似屋盖,四隅有棱,颇似屋盖之棱脊(图14)。四方屋盖,自顶以达于四隅皆有棱,棱瓦之下即脊也。金爵,犹言铜雀。栖,止也。"上觚棱而栖金爵",言凤阙之屋盖,四隅有脊,甚似觚之有棱,其颠则又有金爵栖止其上也。此其所以名凤阙也(爵与鸟同,故凤亦可谓之口爵)。

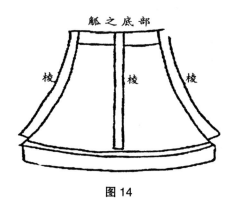

**图 14**

传世之古画,如唐张萱《虢国夫人游春图》、宋画如赵伯驹《仙山楼阁图》(此又一幅,非武英殿所陈者),及画院之《汉宫春晓图》,其中所有四方屋盖,皆不似今日者之尖削,状如四方之覆碗,以碗底为顶(图15),再于其上置火珠等,此与觚之足部更相似矣。度此本自汉以来之旧式。直至宋时,犹有存者也(营造法式中所有者,已非此式,此式仅在画中流传耳)。然其形状殊不美观,不及今日者之秀削,至当日之所以成为此式者,度亦在工程上力求安全之故。

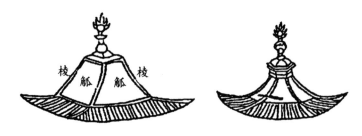

**图 15**

既有四方屋盖，则六方屋盖、八方屋盖，皆可以类推矣。

十字脊屋盖，始见于唐人画中。王右丞有《凤城春信图》，宋人朱锐有摹本，上海有正书局《名家书画集》中有缩印本，其中高阁，即为此式。嗣后常见之于宋、明人画中，元陶宗仪《辍耕录》中记宫室一篇，始有十字脊之名（《名绘珍册》中元无款《醴泉清暑图》，亦有此式）。今之用此式者，在北平有紫禁城之四角楼、城内之雨花阁、城北之太高殿门前之两亭，及外城之四角楼。城外则旧圆明园中，用此式颇多，今虽已毁，查图咏中可见。今之存者，为碧云寺罗汉堂之中顶。外省则沈阳城中之鼓楼、北陵之角楼、山东东昌府之光岳楼，及光绪十年前之武昌黄鹤楼，亦同此式（此有照片，非宋画之黄鹤楼）。

以上为屋顶考。

除上七式之外，尚有变化而用之者。

于各种屋盖之下，常有于檐下又加一重或两重之檐者，是曰重檐。

北平雍和宫法轮殿，本为四溜屋盖，于平脊之上，又加三个较小之四溜屋盖；苏州阊门城楼，是于四溜屋盖之上，亦加一较小之四溜屋盖，是可以名之曰重脊屋盖（此种屋盖，圆明园图咏中亦有之。再前，则见于仇十洲之画中）。

北平南海万字廊，有方胜亭、连环亭，其屋盖由两个方形及两个圆形合成，是可以谓之曰双合屋盖。

中国近代文化，皆显退步，无可为讳。就建筑物中之屋盖而言，今日之所有者，皆可于古人之陈编、旧画中得之。而陈编、旧画中之所有者，今日或往往失传。故国人之对于建筑术，不惟不能就其固有者发挥之，并有不能守成之惧。此无他，无建筑学之故。今举屋盖形式之旧有而今无者数事，以资考证。

（一）方锥十字屋盖：十字脊之小者，中心仍着火珠为顶，盖常法也。此则以方锥形之体，加于广大之十字脊之上，跨于四出之中央，约占十字四分之一，高为基广之三倍，其巅仍做平顶，再置火珠。此式始见之于宋人画中（《太古题诗图》，有正书局名家集中有缩印本）。自应为宋以前制（图16）。

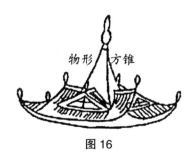

图16

方锥形之体，似由汉、唐之甋棱变来，不过加高耳。下（四）同。

（二）交脊屋盖：此与重脊屋盖相近，但彼之上脊与下脊相交成直角，故两屋山亦在前后而不在两端矣。亦始见《太古题诗图》中（图17）。

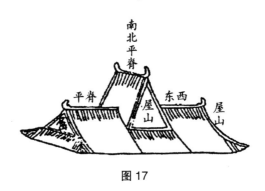

图 17

（三）三合屋盖：中为四方屋盖，而用两四溜屋盖横置左右，再以平脊由中联合成一屋盖。亦见于《太古题诗图》中（图18）。

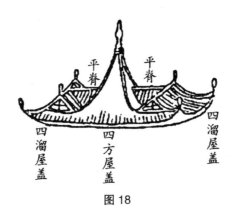

图 18

（四）方锥平脊屋盖：于四阿或四溜屋盖中央，加一方锥体，跨于脊之前后，上为平顶，再加火珠。此式始见于仇十洲画中（图19）。

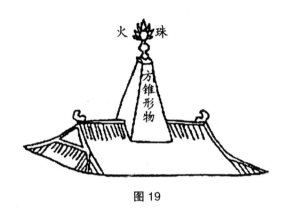

**图19**

以上四式，皆基于平脊高顶两式而变化以出之者，仅见于宋、明人之画中。而清代扬州两袁之画中亦袭用之。但在现代建筑物上，则尚未见有用之者。

宋、明界画中屋盖，于平脊高顶之外，更有一式，则瓦形屋盖是也。此式无脊亦无顶（间有再加顶者是例外也），全形如一片覆瓦，而于两边翘起做檐（图20）。此式亦有种种变形，但不能出乎以上脊顶所变化之诸式中，今世亦未见有用之者。

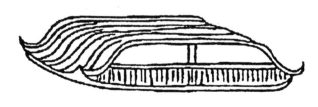

**图20**

　　以上皆就屋盖之各种形式而言。但无论何种形式，其上必为斜面，所以放水下行也。就其轮廓视之，则为斜线，此线自应以直线为宜。然世界建筑物，于直线之外，又有用曲线者。而欧式之曲线，其中段多鼓而向外（图21）。中国式者，则皆缩而向内（图22），且因此而引起翘边与翘角之制（图23）。

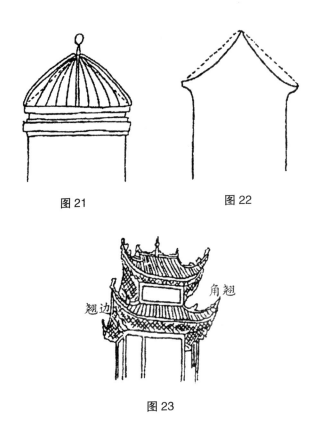

图21　　　　　　　　　图22

翘边　　角翘

图23

　　中国屋盖上用材之历史，除被覆之材如茅茨、砖瓦之外，其支承之间架，向皆用木。木之为物，性坚而韧，直支之力大，而横担之力小。中国之间架，向来只知用直与横之两力，直者曰柱，横者曰梁。建筑物愈大，则用柱愈多，柱多则林之似栅，能妨害内空之广大，故不能不减少立柱，而移其重量于梁，于是梁则愈长，所任愈重，而下曲之势成矣。中段既曲，则檐际不能不随之而曲，此其所以有翘边也。两边之相交处为角，边既翘，则角亦不得不随之而翘，此其所以有翘角也。

翘边翘角，其来似已甚久。《诗·小雅·斯干》曰"如翚斯飞"，说者谓翚为雉，雉飞则两翼开张。"翻羽森列"，檐下之列椽似之也。然必翘角之处，始能与上指之两翼两肖（图24）。征之汉班固《西都赋》中列"梦撩以布翼"之文，尤可为《诗》解之佐证，此翘角之始见于周也。《西都赋》又曰"上反宇以盖戴，激日景而纳光"，宇即檐下之名，宇木下向，今曰反宇，则向上矣，此翘边之始见于汉也。至唐代王维《凤城春信图》、张萱之《虢国夫人游春图》，其中之屋盖，皆带曲势，此尤信而有征者矣。

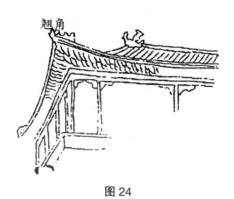

图 24

古代屋顶之斜度，见于周官《考工记》："葺屋三分，瓦屋四分"，"葺屋"草屋也，"三分""四分"者，郑司农注云："各分其修，以其一为峻"。按"修"者，屋之深度，亦即前后檐之距离，"峻"者，脊之高也。如图25，为茸屋之斜度，屋深三丈，则脊高一丈。然脊高之线居屋深线之中点，故就全体言，为三分之一；就一面言，为三分之二矣。如图26，为瓦屋之斜度，屋深三丈，则脊高七尺五寸，为屋深度四分之一，然就一面言，又为二分之一矣。此两数与现代所用者，相差无几。

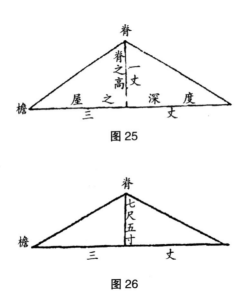

图 25

图 26

屋盖斜面向上之曲度，在上者峻，在下者平。定此曲度之法，始见于宋李诚《营造法式》书中，即其第五卷中所谓举折者也。"举"者，屋脊高出于屋深线之意。由此，两线之一端，交一斜线，是为屋面之斜度，由此斜线之下，再求曲度，是名曰"折"。如图27，屋深为六丈，其半为三丈，脊高为二丈，由此两线连为斜线，是为甲线。五分甲线，于其下做四垂线，是为

乙、丙、丁、戊四线。乙线下缩二尺，是为内曲之第一点也。由
此点引一线至于檐，是为己线，丙线对于己线，又下缩一尺，是
为内曲之第二点。由此点又引一线至檐，是为庚线，丁线对于
庚线又下缩五寸，是为内曲之第三点也。又由此点引一线至檐，
是为辛线，又下缩二寸五分，是为内曲之第四点。再由此点引一
线至檐端，不再下缩，相形之下，反有向上之势。此汉赋之所以
有反宇之词也。由各点连成一线，上交于顶，下交于檐，是为宋
时屋盖上斜面之曲线。

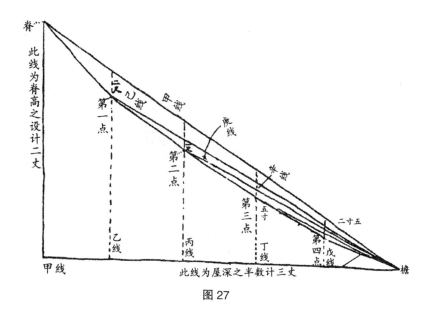

图 27

清代曲线，载于工部之《工程作法》中。

就现代国内建筑物观之，在北方者曲度小，在南方者曲度
大，故北方建筑呈一种厚重之气象（图 28），南方建筑是一种薄
削之意态（图 29）。

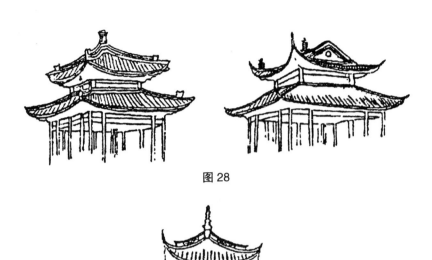

图 28

图 29

屋盖上被覆之材，其初皆用茅茨。史称舜之俭德，曰茅茨不剪，所以谓之俭者，指不剪而言，非指茅茨而言。《淮南子》"舜作室筑墙茨屋"，此舜时犹用茅茨之证。至夏末季而始有瓦，《古史考》"昆吾氏作瓦"是也。亦有称夏桀作瓦者，大约昆吾为桀作之也，桀本豪暴之君，惟此则为一种发明，至今国内犹利用之。《汉武故事》"上起神屋，以铜为瓦"、《明皇杂录》"虢国夫人宅以坚木作瓦"，此则人主奢淫，偶一用之。秦汉之瓦，至今犹有存者，其质皆土，与今瓦同。《营造法式》皇室所用，有瓯瓦、甋瓦之两种。现代民间所用瓦，大略相同，惟宫殿所用，则外敷以各色之釉，曰琉璃瓦。乡村所用，在北方为黄土；在南方

者，多为农作物之藁；而山林密茂之区，有用木皮者；有因当地
特产，而用薄石片者；海滨则有用鳞介者。

　　屋上之装饰，在汉代者，有铜雀金凤之属，此见之文字者
也，石刻汉画中亦有之。唐画中始有火珠，此则似印之制，随佛
教而来中国者。《营造法式》中，有仙人、鸟兽之属，与今世宫
殿所用，大略相同，类皆烧土而为之。而南方祠庙中所用，则为
垩与藁之所塑，自较陶质者为美，而不耐久。

　　欧人之论中国建筑者，谓中国建筑物，形式不免简单，而
屋盖则颇复杂，此自合古今言之。若专就现世言，则除北方宫殿
外，民间之屋盖，其可称为复杂者，盖亦不易偻指矣！因此，又
忆得北京宫殿尚有--式，为平生所仅见者，文渊阁后有一碑亭，
其屋盖上之曲线，乃合外涨内缩之两种而成者，即在上者外涨，
而在下者内缩（图30）。此式固常见之于旧画中，而在现世所见
者，仅此一处。用是附于篇末，以志吾上之所举，实不能尽也。

图30

# 第二章　斗　拱

巨大建筑物，多用斗拱。盖本立材之端，横材之下，一种助力支持之物也，后世有用于上下横材之间者，则助力之外，又为一种装饰品也。斗拱之基本形式，如（图1）。

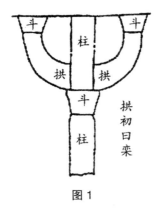

图 1

斗之与拱，各为一物，其初但有斗而已。《论语》"山节藻"，"节"，柱头斗拱。其实当周时，但有斗而无拱。斗拱云者，注家当时所用之名词，若但言斗，则是升斗之斗矣，亦借名之，如酒斗、北斗等。斗拱之斗，其取名亦此类也。《广雅》曰，斗在栾两头如斗也，是也。拱字始见于《尔雅》，本为大枓之名，后世用为斗拱之拱。余意其初本是拱字，而拱又出于共，盖古人运输，原有负戴两法，孟子所谓斑白者，不负戴于道路也。负者承以背，戴者承以首，物在首上，必举两手以扶之，故共字做两手向上，"ᗷᗷᗷ"廿者，所戴之物也，因其需两手合作也，故有共同之义意。因其向上也，故又有供、拱、恭诸义。斗拱之拱，恰效两手对举之形，故即名之曰共，而因字形之孳乳，遂又易为拱，为栱矣。《说文》诸说，疑皆后起之义。

《说文古籀补》叔向、父敦共做"ᗷᗷᗷ"，吴大ᗷᗷᗷ曰：古共字，像两手有所执。共手之共及恭敬之恭从心，后人所加也。按此恐有误字，意谓拱字之从手，及恭字之从心，皆后人之所加也。

斗拱之名，不知起于何时，而初见于《论语疏》中，则在汉魏以后矣。最初曰节，见《论语》；其次曰棼、曰杨、曰栭、曰楶，见《尔雅》；其次曰欂栌，见扬雄《甘泉赋》；其次曰栾，见张衡《西京赋》；其次曰枅，见《说文》；其次曰卢，见《广雅》。各书虽先后不同，然未必即为其名兴起之先后，不过当时作者，于诸名之中，任取一名而用之耳。以社会进化之理推之，凡物莫不始于单简而进于复杂。其初曰节，节为竹节之本字，节在竹身，为突起形。斗之在柱上亦然，故曰节也。其次即应为卢，卢为鑪之本字（从王船山说），火、金诸旁，皆后人所加。卢形多上侈而下敛，亦与斗形相似，其借名也。亦与借用斗字同例，《释名》曰：卢在柱端是也。凡此皆指斗而言，未有拱也，其见于图画者，为汉代之石刻，单简者如（图2），见孝堂山第七石。复杂者如（图4），见武梁祠京师节女诸石。如（图3），见孝堂山第一、二、三诸石，恰似一斗形或卢形之物，介于横材之下，坚材之上。此与希腊古建筑中的柱式相似（图5），

图2

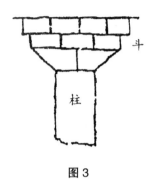

图3

图4

（甲）

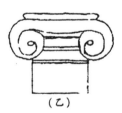

（乙）

图5

特花纹形式不同，且彼为石质，此为木质耳（图见《万国通史前编·希腊志》）。

上文所言，专属于斗，至斗下加拱，自属后起。按拱之为式，亦有演化，最初者应属于枅。《说文》"枅"屋栌也，斗上横木承栋者，横之似枅也（枅与笄同），其式应如（图6），见两城山画像石刻。斗之为物，原以为加宽面积匀分压力之用，此则一斗不足，又于柱上加横木再加两斗以承之也，此为用拱最初之形式。两城山石刻之外，又有汉明器中之遗迹（见穆勒氏书），似此式在当时，亦已占一时期。嗣是而改进者则曰栾，《广雅·释宫室》曰：曲枅谓之栾，盖斗下加枅，已为进化，但其式不免为方板，故又于枅端改为曲形，此纯为美观计也。其式如上图1。汉石雕中，如高颐阙、冯焕阙皆有之，于是又有加为两层者。张衡《西京赋》曰，结重栾以相承，注："栾"柱上曲木两头受栌者，此则更为美观，而此注之解释亦更明确矣，重架式应如图7。自此以后，愈进复杂。《魏都赋》曰：重栾叠施，则三重、四重不可知矣。《景福殿赋》云："栾拱夭矫而交结"，则上下两重之

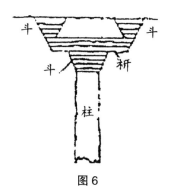

图6

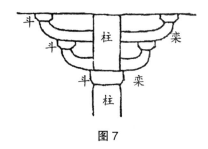

图7

外，更有前后相重者矣，其形如图8。故斗拱复杂之形式，自汉、魏时已大致完备，至唐、宋以来，乃又加有爵头，上下昂之各部分，则又不知起于何时也。其异名又有㰇栌、㰘、㮰杨之称，虽各书之解说，不免交错纷纭，然细加推求，则或斗或拱，仍各有所专属。今分释之如下：

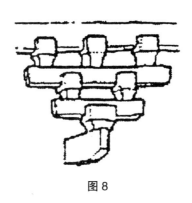

图 8

斗：即节、卢、栌、杨。

节：见《论语·山节疏》；卢，《广雅》：卢在柱端；都卢，负屋之重也（卢加木为栌，栌享堂已见《甘泉赋》，则卢当然在前，不过今日但见于《广雅》耳）。栌，张衡《西京赋注》：栾，柱头曲木两头受栌者，此不但证明栾即是拱，并可证明栌即是斗。栌，即卢之加木旁者，是亦与斗之加木为科，共之加木为拱同例。盖凡名词字加偏旁者必在后，加监之为槛，竟之为镜亦然（宋李诫《营造法式》科拱图，其柱端之坐科曰栌科），科《说文》屋枅上标。

拱，即枅、栾、㮰㰇。

枅，《说文》斗上横木承栋者，横之似枅也；栾《广雅》曲枅谓之栾；栔《尔雅·释宫》栔亦作棁，《注》栔，柱上楍也。楍栌并称，护为斗，则楍自应为拱。栔杨并称，为斗，则自应为拱。

《鲁灵光殿赋》"层栌礴砆以岌峩，曲枅要绍而环句"，本斗拱分举之词。李善《注》谓其一物而互举之，非是。

斗拱亦有总名。《说文》"阒，门楍栌也"，此为门上之斗拱。逸周书作《洛解注》曰："复格，累芝杨也。"焦循曰：其又名芝杨者，其形重叠若芝杨丛生也。此以后格与芝杨，皆认为复式之斗拱，与《论语·疏》之以斗拱释节者正同，皆以当时之所见释古文也。其实周时，但能有斗，不能有拱。余谓复格者，复式之斗耳，其式当如武梁祠及孝堂山诸石刻之所有，见上3、4两图。

以上所言，形式名称，极为繁杂，在名物中不易爬梳，然皆由斗、拱两者相合而成。降至后世，其中又有曰头曰昂者。头者，横材之端；昂者，斜材之端也。皆因结构复杂之故，加此诸材，以相牵合，头多上平而下圆，昂则削其端如楔，故又名楎。《说文》楎，楔也。何晏《景福殿赋》曰"飞楎鸟踊"。李善《注》"今人名屋四阿拱曰楎柳"。《赋》又曰"楎栌各落以相承"，《注》曰"楎即楎也"。斗拱中之有楎，实见于此赋此注。宋李诚《营造法式》遂据此以为上昂、下昂之来源。上昂者，端向上；下昂者，端向下也（图9、10）。又引《释名》曰"爵头，形似爵头也"，以为诸头之来源，《营造法式》中皆有详图，兹不复述。

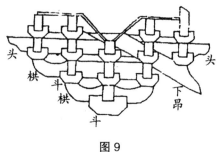

图 9

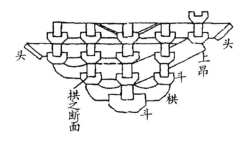

图 10

今世所传唐人界画，如王维《凤城春晓图》等，已有复杂之斗拱，尚未见上、下昂之痕迹。宋人苑画中，如黄鹤楼图、滕王阁图，则已有之。故此制与名，或始于魏，或始于唐，皆未可知（若柳即是昂，则始于魏，黄鹤楼、滕王阁皆建于唐，若宋画本于唐，则亦可云始于唐）。若竟以为鸟革翚飞之遗式，未免过于早计矣。

自宋以来，所有此制皆由斗、拱、头、昂四者相合而成。今就一组坐北向南者言之，所有斗拱，皆分指东西，而在俯视图上与之成直角者，为两种横材，此横材自斗中心穿出，实为斗拱之所依托。横材之端露于外者，平者曰爵头，斜而上指者曰上昂，下指者曰下昂，四者之关系大略如此。至其各部分之分记，自因其繁简而异（图11）。

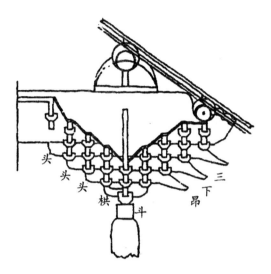

曲阜孔庙大成殿前檐
斗栱侧视断面

（据中国营造学社汇刊）

图11

　　斗拱之利用果何为耶？其单个之斗，曰节、曰卢。《广雅》
曰："卢在柱端都卢，负屋之重也。"当然，由于负重关系，盖中
国建筑，多用木材，屋盖之重，皆托于梁，故梁之需材特巨。而
支梁者为柱，其接触之处，即负重之处。故全屋之重在梁，而梁
所有之重，又集中于接触之处，此处不惟柱材本身受其下压，即
梁材本身亦受其上压。假定梁之底部阔为一尺，而下以铁柱支
之，柱端之径，即为五寸亦能胜任，但梁木将不能堪，或将被铁
口压入，破坏材面组织。故一尺之梁，假令柱端之径亦为一尺，

自无问题。设柱仅宽八寸见方，则接触之处为六十四方寸，而在梁一方面，其外之三十六方寸将不受压，而将其压力转移于八寸见方之内，则此六十四方寸者，将多负三十六方寸之压力，纵不致直接损坏，终觉分配之不当也。又一尺之梁，而支以八寸之柱，不惟边线不齐，且亦显柱材之薄弱，故于此间加以介绍之物，令其一方合于柱，至柱以上逐渐展开，以合于梁，于是压力之分配既匀，而形式亦和谐可观矣。此最初单简之一节或一卢，所以能逐渐发展，以至于今日之斗拱也。

节、卢之名，皆因形似，后名曰斗，则更曲肖。斗之为用，既如上述，有时因屋之进深稍深，或开间稍广，则梁楣亦因之较长，仅有一斗，亦嫌单薄，于是由斗之左右，各添一斗，以承梁或楣，其下则加横木承之，此横木之两端承斗，中则穿于柱心，恰似栞之穿发髻而过，故即名之曰栞。于是梁或楣与柱接触之处，又添两倍之面积，而每方寸所受之压力即可稍减。而栞既穿柱心而过，则自两斗分来之压力，亦可传于柱穴之底面，于是柱身接触之面积亦加，而压力亦可稍减（栞之穿下亦有斗形，此非原斗，盖装饰品也）。此在既知用斗以后，当然应有之进步（但亦因其用木材之故，若欧洲之用石材，则不能有此演进）。至由栞而变为栾，则在形式上又较为美观，其所用之曲材，或利用天然之曲木，或揉木以为之，或刓木以为之，当日必非一法，至此，已告一段落矣，此式应如前第1图。今南方旧建筑中，如家祠、庙、寺等，不少留遗之物，因其恰似两手对举之形，故又名之曰拱。斗与拱之两名词，比较其他者尤恰当，故后世沿用者多，今日殆成定名矣（近世世界建筑学家，皆知有中国之斗拱）。

古代贵族之居宅，其主要者为寝，寝之制后为室，前为堂，堂皆三间，其前无壁，故檐柱与中柱皆孤立。因其他处之梁楣，有墙壁以助其支持，此两处则全压于柱也。进而有枅有栾，亦当由此等处发达。中柱有之，则为两柱间空处之对称计，则檐柱亦应有之。檐柱之内面既有，则外面亦应有之。檐柱之外面为檐下，此处斗拱，已非上承于梁，而上承于榱题之下，于是斗拱位置，乃由梁下而延及檐下矣。檐柱本孤立，北为梁，南为榱，东西为楣，其上为桁，梁榱之下既有之，则楣桁之间亦应有之。于是与梁榱平行之斗拱，又进而与檐桁平行矣。此际之檐柱，四面皆有斗拱，分指四方。再进一步，为联属此四向之斗拱为整个形计，于是复杂之形制以成，然此皆不能离去柱端也。至于位于两柱之间，桁下楣上之斗拱，则当更在此后也。土寝之平面如图12。

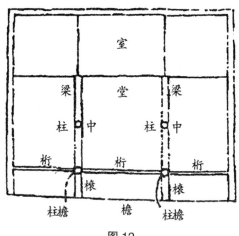

图12

檐下之斗拱，有上承于榱者、有上承于桁者，其重要不下于梁下之斗拱。盖中人以木材建筑，为蔽风蔽雨计，故檐之进身皆深。檐深则榱长，而全檐之重量，又全压于榱之前题，重点在榱题，支点在柱上，彼端又无相称之重量，故榱之下需有助力支持，此自易知之事。至桁下之斗拱，乍观之似近空费。然使此屋之开间甚宽，则檐际之桁必加长，而因上承瓦列之数加多，则其中段亦必感觉负荷之过重，故在檐桁之后，柱桁之前，再加一桁、两桁，承以斗拱，使之上抵于椽，下压于楣，亦可使瓦椽之重，不全集于檐桁之上，如是可以保持檐桁之水平，不致有中段下挠之弊，此亦形式上之不容轻视者也。至于后檐及左右檐之斗拱，及屋内四周之斗拱，或基于美观上对称之关系，或基于重量上平均之关系，要皆各有其不能不用之处。惟相沿既久，容或有非必要而专供装饰用者，然当其初，固必有其设置之原因也。

为形式美观计，斗拱与屋面之斜度亦有关系。余在美国时，见西班牙式住宅，其檐之深与我国同，然檐下无设置斗拱之必要。此无他，因其屋上之斜面为直线故耳。中式建筑物之大者，其斜面皆卷内缩之曲线，因循而至檐际，则显削薄之势，故其下不能不有衬托之物，否则愈形削薄，此宫殿之所以不能不用斗拱。而协和医院建筑，因用材之不相宜而减去（闻计划图原有斗拱），遂令观者有美中不足之感也。然南中建筑，亦于斜面上用缩线，而用斗拱者甚少，盖已变其形制为卷棚，其能补救削薄之弊，与用斗拱同，而工料则比较少费，此亦演进中之又一式也。卷棚如图13。

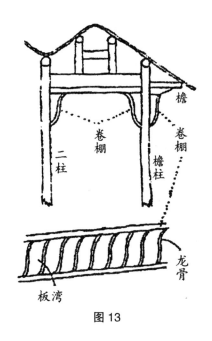

**图 13**

斗拱之前身尚有枝梧，其在梁下之作用，与斗拱同。《史记·项羽本纪》注曰：小柱为枝，斜柱为梧是也。此亦因其梁之过长，于柱之上段，设小柱以斜支之，如图14。其助力较斗拱为大，然形式则殊不美观，后世用之绝少（今南方尚有用于檐榱之下者），盖自斗拱发达而自归淘汰矣。或谓两者之大小不相侔，恐非一事。不知今人对于斗拱之印象，皆北京宫殿之复式者。而以中国幅员之大，南北异宜，南方单式之斗拱，其长达五六尺。《鲁灵光殿赋》"芝栭攒罗以戢香"。张载注曰"芝栭，小方木为之，棠梁栋之上，各长三尺"，是可证也。虽汉尺较今尺为短；然三尺之斗，亦非今复式者所能有然在单式者，尚不能谓之长。即证之于汉石刻，武梁祠、孝堂山之柱上，皆斗也；两城山则有枅式之斗拱（拱为平直式），高颐阙则有栾式之斗拱（拱为

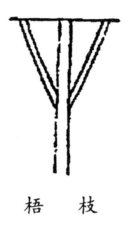

梧　　枝

图 14

曲式）。其体式与其屋之比例，皆较今之复式者为大，虽古人艺术幼稚，比例不能适合，然以张注证之，则有尺寸可稽矣（诸石刻中，斗与单个斗拱，常被误认为复式之斗拱，与今日所见相同者）。余在先亦同此误，既而知斗之与拱，非为一物，斗为方木，拱为曲而长之木，孰是以求，则孰为斗、孰为斗拱，孰为复式之斗拱皆了然可辨矣。一个之斗有方层叠出者（如孝堂山、两城山等），此实为误认之由，实则其中毫无拱之痕迹也。如两城山两斗之下，一斗之上之卷，其为拱也，亦不能否认也。刻画中可见者仅此。至如张衡《赋》中之重栾，虽西京已有之，然尚未见于刻画中，复式者更无论矣。图画之可证如是，再证以今日南方之残留者，则斗拱之可以代枝梧而兴，自非无据。

由斗拱而演变者，又有南方之卷棚，此关于省费方面者也。其关于助力之方面，又有横材与竖材间之角牙，是则南北皆有之。不特屋宇，即木器上亦用之，是制其来已久。余意其初，亦以助支持之力，其用不过使梁下悬空之处少，有托之处多而已。其式与枅同，不过无斗而已。在其上雕刻花纹，固无不可，至镂空以求美观，则支持之力减矣。惟其花纹间，常有杂以小斗拱形者，如图15，正可证其来源之所自，且可证斗拱最初之位置固如是也。

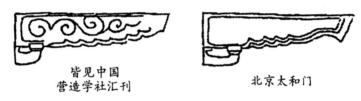

图15

社会中无无故发生之事物，以今日北方之斗拱，其形式如是之繁复，而仿作者，皆不惜糜费而为之，则望之而不得其解者，固自大有人在也。若得其兴起之源，与其逐渐发展之途径，古人曰，其作始也简，其将来也巨。则斗拱之演进，亦与其他之演进者，正同一公式耳。其初皆由于实用，其后则形式愈繁，实用愈少，则斗拱之在今日，或者亦未能免此乎？余之为此文，亦正以见古人制作之初，自必有其不能不用之故，非单为美观也。

# 第三章　庭园建筑

《说文》"庭"，宫中也。《玉篇》"庭"，堂阶前也。《礼记》"儒有一亩之宫，环堵之室"。所谓宫者，即围墙以内之空地，然则庭者，即院墙以内，堂室以外之空地，即今之所谓院子者也。

"园"，《说文》"所以树果也"。《初学记》曰"有藩曰园"，藩即今之所谓篱。故园本为种植果树之处，与庭院初不相关。

庭园之名，起自后人，盖人之居处，皆由建筑而成，而自周以后，居宅皆左右相对，方整板滞，千家一律，居其中者，每嫌人为太过，故反而求之于天然，以救其失。天然之物，最易致者，无过于草木花果，故于堂室之前，种植草木花果，以为观赏之用，庭也而具有园之风趣，于是庭园遂成一种建物矣！

以庭而具有园之风趣，非有植物不可。周制皋门之内应门之外，有三槐、三公之位。《周礼注》曰"槐，怀也"怀来人亦此也。此虽在门庭之内，然有所取意焉，非以为观赏之用也。《左传》"钮麑往贼赵盾，寝门闢矣，触槐而死"。此槐当在庭内，此为居室前有植物之证。今人于庭院之内，点缀花木，此风盖由来久矣。

园为植果木之处，本为一种产业，不带娱乐性质。兹之所谓园，则纯为游观用也，其初本名囿，今则囿之名废，皆谓之园矣。由庭而推广之至于园，因其地域之大小，与其中物类之繁简，可以分为多种，而其性质则皆相似，故统而谓之曰庭园，亦无不宜。而其中可分之为六类：

一、庭；二、庭园；三、园（纯粹的园）；四、园林（扩大的园）；五、别业；六、别庄。

庭：为堂前空地，有大有小，虽贫家小户，但有隙地，莫不设法点缀少许植物，以为美观，中人习性，大率如此，此即庭园之滥觞也。贫者断砖块石，砌而成坛，所植者率为一年生之植物。此中习惯，亦分两类：老人妇孺，喜种有果实者，如向阳葵、玉蜀黍及瓜豆等，取其不费一钱而又略有收获也；青年男女，则喜观赏植物，其类甚多，不能具述。至中等生活以上之人家，则多就地植花木两株或四株，草花则多用盆景。花木之外，有养金鲫之缸，及可上水之石，亦有配置太湖石一类者，但甚少矣。此类人家，更有划地为阑，以种草花，仅留周围小路，以通人行者。此法甚不相宜，盖庭前有花石，固可增加雅兴，仍需多留余地，以为闲中散步，及小孩游戏之处，若皆为花石所占，不免影响于家人之健康也。

庭园：多在别院（北平名跨院），惟富裕者有之。屋宇率为厅堂或书斋，空地常宽绰有余。其布置之法，最简者亦须具有竹木及太湖石等，地平不用砖石墁成，留出土面，以便生草，但用砖石等材，砌成宽、窄等路。木石之外，兼有小池沼，又有石案石墩等物，石案之圆形或等边者，用以著棋或陈食具。长者，则于其上置精致之盆花，或供玲珑小巧之石。此类观赏之设备，因其即为家宅中之一部分，故起居最为便利，且便于时时整理，而且所需地面不必甚多，布置亦不甚费事，并易得良好之效果。

庭以屋宇为主，花木之布置，不过就所余地面用之。庭园则应以天然物为主，厅堂或书斋之建筑，皆须予为花木水石等，留出地位，以便利用。善为庭园者，建筑物之地位方向，与四面之走廊或垣篱，或邻屋之侧面，皆须以善法利用之，使之变为庭园中之一种装饰物。若不善于利用，则虽有好花石，不能得佳胜之风景。

园：为家宅附近之游乐处，其地面愈宽愈易布置。建筑物不限于厅堂、书斋，如楼阁亭台，皆可择相宜者用之。池沼之面积，能得全面积十分之四五尤佳。花木有丛集处，有分散处。叠石之外，更可以垒土成山，使之委宛曲折，愈增幽深之致。更须注意者，须有平旷之处，如西人之草地等。中人治园，专尚幽深，入其中者，如在森林，此林也，非园也。至石案、石磴等，在此非必要之物，偶于相当处置一两具，可也。

园中交通，宜有大路，有小径。前有通大厅之门，以便男客来往，后有通内院之门，以便内眷来往，更须有通大街之门，以便宴会时开放。园虽以雅趣为主，便在实用上，亦须无妨害，此等处宜特别注意。又花窖处、肥料处及厕所等，亦须安置妥帖，否则风景虽佳，有时亦受此等之累。

园林：为在城外之园，其地域亦可大可小。然无论大小，其计划与城中之园，要自不同。城中之园，因其在人为太过之中，故其取义多偏于天然方面，如叠石也、土山也，皆勉强而为之也。若城外之园，则已在天然环境之中，在此大自然之中，而犹以人力仿天然，是所谓日月出而爝火不息者也。故除奇礓远致之外，叠石可以少用。累山一事，可以废去。要在因其天然之地势，高者为山林，低者为溪谷，平者为原隰，洼者为池沼。然后选最胜之处，疏疏落落，位置亭馆数处，而点缀林木，则不厌其多。至花草等，亦宜随意栽种，不得以盆景充数，此园林布置之大概也。

不特叠石累山，可以少用。城中之园，因在家宅附近，故其中建筑物，需较家宅中所有者，较为简素，使人一入其中，别有天地。更有划出一部分，作竹篱茅舍，肖乡村风景，如小说中所谓大观园中之稻香村者。此因其在城市繁华之中，比较相形之下，故可使人感一种萧闲意味，所谓闹中之静也。若城外之园，则所处境地，即是乡村，竹篱茅舍，举目皆是，再相仿效，了无意味，故此种设施，亦可废去。至亭馆之建筑，虽仍以简素为主，但工料则不可草率。器具亦然，无繁碎之装饰，无富贵之习气，而精致雅丽，使人一望而得一种安慰，乃为合作。城中甚大之园，更有纳一所寺观于其中，以作一种特别境界者。城外之园，则不宜此，便可与之为毗邻，借之作陪衬，而气象则又各有相侔，所谓离之两美，合之两伤者也。

因城外之园，有此特殊性质，故选地为最要。相宜之地，并无一定格式，但凭审美眼光，摘取最胜之处，大抵崇山峻岭之旁，宜去山稍远之平处。洪流大泊之上，宜去水不远之高处。溪谷回环坡坨起伏之区，则宜在稍为旷朗之处。以至农村小市之所在，樵人渔户之所栖，无不可以安置园林者。而工厂附近，则往往不相宜。

　　城外之园，所得观赏者，不仅在范围以内也，垣篱之外，四围之山光水色，实为观赏之大部分。在此天然环境之中，安置此一片园林，要如何始能揽尽朝夕之胜概，饱饫四时之变态，然则此园也者，不过游观之时，一种托足之区，安息之所耳。故天然风景中有是园，亦如卧室中之有床榻，书斋中之有几案然。而卧室书斋中之床榻几案，与其中之各处窗户，及各种器具装饰，皆应互有照应，相得益彰，天然风景中之园，亦应若是。

　　别业：园林之外，又有所谓别业者，大抵茔墓之所在，即就其处经营一所闲适之居处。此应以暂居之室为主，而以花石树木为点缀之品。

　　别庄：又有所谓别庄者，则多为田庄之所在，岁时省耕往来之处。此则可完全用乡村形式，茅檐土壁，竹篱石垣，无不可用，但需在工料上加以精整，并以美术上之眼光，令其配合得宜耳。而牛牢豕笠及存肥料之处，则需尽力避去，以免薰莸同器。至菜圃果园，豆棚瓜架，则正可利用之也。

　　故庭园之种类，在城内者，以用人为之力接近天然为主；在城外者，则以善于利用天然为主。若居宅原在城外，则庭之三类，仍适用城内之例。

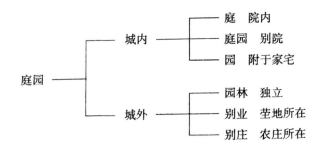

帝王之苑囿别论之。

庭园中物之种类

一、花木；二、水泉；三、石；四、器具；五、建筑物；六、山及道路。

花木为庭园中之要素，无花木即无庭园。花木亦可分为下之四类：

甲、花；乙、树；丙、藤；丁、草。

花以盆花为最便，但其用亦只宜于庭与庭园之两处。盖人家庭院地面，多以砖石墁平，栽植花草，不惟不便，且时土时石，亦嫌零碎不成片段。故砖石地面，置盆花最宜。若在别院，则因地面不宜全用砖石遮蔽，种花不患无地，已无需盆花之必要。至园以下之四种，则花盆一物，大可废却，盖盆花本非善制，不过因室内及庭院所需用之。其实矫揉造作，大悖于植物之天趣，苟非必要，宁缺勿滥。

花盆之外，又有花坛之制，亦仅宜于庭及庭园两处。有于庭心置一坛者，或分左、右置两坛者，多为珍贵之花，故置之高处，以示表异。又有长形之坛，沿墙根而为之者，此三者不可兼用，以用其一式为宜，亦只宜于砖石墁平之地面。

砖石墁平之地，亦可留出一两处土面以种花卉，其形常为圆形、等边、两等边之三种，立置砖瓦，以为边缘。亦可沿墙根做长形，或绕叠石之根，做不规则形，此可名之曰花畦，亦惟庭与庭园两处适用之。至一丈以外之规划四围护以短篱者，可名之曰花圃，则适用于园与园林等处。

花与树在植物上，本非对立之名词，兹之区别，不过在庭园计划上，就其形态分为两种，以便应用。即多年生或一年生，而其高在四五尺者谓之花，多年生而其高在一丈以外者，谓之树。

庭中之树，一株者宜在一隅或一方，两株者，可并列堂前。若庭甚修广，则可仿花畦之制，划成宽一丈以内之区域，丛植各种不同之树，此可名曰树畦，其数以成对为宜。或作横长形，置之堂前门内，借作屏风之用。或依墙根而为之亦可，依墙根者，植竹尤佳。

庭园之树，可较庭中为多，但宜偏重一方一隅，不可左右对称。庭园之建物为厅堂书斋，则建物之后，亦宜有树，而辟北窗以揽其胜。

庭园中地面，以露土为宜。有时于近堂两三丈之内，铺以砖石，则树畦之制，于此中亦适用之。

庭以花为主，庭园则花与树并重，至园及园林，则树实为此中之主人翁，花之处此，不过点缀品耳。树之植法分四种：一成林者；二成丛者；三成行列者；四依附于他物之侧者［如庭院（园中亦有庭院）门篱、桥头石侧等］。成林者宜在山谷，成丛者宜在平地，成行列者宜在水边路侧，至依附于他物之侧者，则宜大小相间，数尤不能预定。

庭园之内有老树，此难遇而至可贵者也（此指形态佳者而言）。利用之法，在庭则不容更加他物，但地面则需修洁，以不规则之石片砌成者为佳。四面建物，亦宜装饰与之相称，盖纯以树为主体矣，此古人所以有因树之名也。在庭园者，自可配置他物，但需注意，不可令老树之佳胜，受妨害之影响。在园及园林者，则有数法：因其过于高大，与环境太不相称，则于附近配植较小之树多株，以渐而小，使与四围之花石，互相融洽，此一法也；或附近不植一树，以充分发表其奇伟之观，此一法也；或于其下配置奇石，或做茅亭，或构平屋两三间，此又一法也。总之，既有此树，即须善为配置，使其佳胜之处，完全呈露于吾人心目之前，庶几无负此树耳。若在别业或别庄，则区域狭者，可运用庭及庭园之法，广者，可适用园与园林之法。

藤之植法，有盘于高架者，有依附于墙壁、篱落者，有缠于老树者。高架宜于空旷处，若在庭院中用之，则藤架与檐宇之间，应有相当空处。若直接于檐，则只能用其狭而长者，以代廊棚之用，且架顶需高出于檐，架式总宜平顶，不可做亭楼等式，以免与建筑物相犯。园林之内，路口交叉之处，亦可用之以作休息之所。其依附于墙壁篱落者，须注意彼此之颜色。其缠于他树者，尤需注意寄主之健康。

草之植法有三种：其铺于地面者，宜长短一律，昔人所谓规矩草也，修途两旁，尤属相称，古诗"一带裙腰绿草齐"，殆即指此；临水斜坡之上，绿细如茵，可以坐卧，亦一适也；其附于石上石根者，则宜长短不齐，且不可专用一种；又有植于盆中者，如石菖蒲之属，亦称雅制。

水泉之在庭园，如血脉之在身体，其重要不亚于花木。有源者不易得，则以人力生造之有源者，有三种：一曰悬瀑、二曰自溢、三曰潜流。以人力生造之者，有三种：一曰分视（高处之水）、二曰分导（低处之水）、三曰挹注。其蓄水之形式有五种：一曰湖泊；二曰池沼（两者以大小别之）；三曰闸堰；四曰溪涧；五曰器蓄。

有源者不易得，悬瀑、自溢之二种，尤不易遇，以其高于地面也，惟所用之，无不如志，故尤觉其珍贵。潜流自较易遇，凡有井处，皆潜流也，以其水面较地面低下之尺寸，定其可否利用之价值，与地面平者无论矣，愈低下则愈不易利用，若在一丈以下，几不能有利用之价值。倘在高处之凹处，则可在其较下之处作园，使低者变而为高，则反可得无数之便利，譬如用分视之法，引之至壁立处坠落，则俨然悬瀑也。分视之法，可以行之于数里之外。水在低处，则不能用视，而只能用导。若在其上流较高之处，堰而更高之，则亦可以得较高于园中地面之水。否则水已在低处，导来之后更低，则亦将无法利用之也。

挹注之法，自可任便，但仅可用之于器蓄及池沼之小者。无来处，无去处，停蓄日久，则易腐败。按日期而更易之，则甚劳扰又不堪也。井中之水，虽亦有源，因其过深，亦只能作挹注之用。不过较之吸自远处者，省往返之劳耳。

今假定作园之处，其附近高地发现源泉，因引之至园中高处，由石壁之上坠落，成为瀑布，则可得一景矣。又于其下筑之为堰，做闸以司启闭，则可得第二景矣。由堰而流之为溪，纤折萦带，可平添无数风景，则可得第三景矣。由溪而放之为沼，则得第四景矣。由沼而分之为港，或又别之而为溪以出于园，则可得五景、六景矣。故源泉之在高处者，其利用之法无穷。若不能甚高，则不能作瀑，然未尝不可作闸及以下诸式。若仅高于地面，则仅可流之为溪。若再仅能与地面平，则但可蓄之为池。然池水而能与地面平，则已是不易得之佳池矣。

普通之池岸，皆高三四尺。若池面甚宽，则岸虽稍高，犹之可也。池面甚窄，而岸又甚高，则谓之曰井可也，坐井旁而观，固无甚乐趣可言也。故类于井之地，可以不设，勿宁留作井，以便汲而已。作池之法，池面需宽，池底需平，池水需浅，以免危险。至地面之水，以低于岸二尺内外为宜。韩退之《诗》曰"曲江汀滢水平杯"，亦形容其水之将平于岸也。

分导而来之水，大率甚低，有将全园之地改低以就地面者矣。如此，则园之四面围墙，皆高于园，有如盆地。但能干附墙二丈内外，变作斜坡，满种竹树，在园中视之，宛如四山合沓，亦可得一种幽胜。但仍需选一方较低之处，辟作园中正门，令园中结构，可由此方向露出，变四合为三合，犹是一种补救之法。

园中之水，既有出口、入口，则堰闸乃应有之物。但治园者，向不注意此事，其实，以善法布置，可得一种活泼清丽的境界。其中有专用堰者，有专用闸者，有合而用之者。但此等处，最忌以亭榭之物，杂置其间，反成小家暴发气象。

于园中作溪涧，为甚易致之工。然使水源不高，无来处，无去处，则尚不能作溪涧也。一丈宽之溪槽，白沙碎石，间以小草，只要中槽能有数寸之水，涓涓而流，不竭不息，已足清人耳目，动人心魄。若并此不能得，则但可蓄为池沼而已。盖小溪积水，最易污浊，不如池沼之比较宽大，尚能藏垢也。

二三尺宽之溪，引而长之，萦回曲折于竹树之间，时隐时现，或大或小，放而为池，或分而为洲，又或仍复于溪，于大回转处为堂，所谓溪堂也；小回转处为亭，所谓溪亭也。但有相宜之地，则即以一溪制全园之胜，为全园之主人翁，亦未尝不可。溪也、池也，相间而用之，亦未尝不可。

器蓄之法，最小者为盆，稍大者，南方谓之石缸，合植四石片于平石之面而成之。其实，非缸也，池也，今名之曰高池。高池有下半埋于地面者，则可以较大矣。又有砌砖而为之者，则可以更大矣。但愈大则高度宜愈小，否则，有奔溃之虞。黔中有用天然之石板（贵阳名合朋石）镶之者，甚有清整之致。以高池之法，砌为狭而长之溪，弯环作半月形，或曲折于花坛、竹坡之下，亦庭园中之俊物也。

庭中蓄水，只能用盆，即以养金鲫者也。稍广者，亦可用高池之法，高池甚宜于庭园。池沼之小者，亦合于庭园之用，用盆反嫌小样。至园，则器蓄之法，皆不适用。

园与园林之于水，为不可不备之物。城中之园，尤其需水之必要，无水源可利用者，自不得不以人力为之。然亦不必过于勉强，力求宽大。苟布置得法，虽一丈、两丈之池可也。即有泉源可用，蓄水之法，亦不可定求完备，要需相其地势为之。如所有泉源甚高，瀑也、堰也、溪也、池也、港也，皆可取之不尽，用之不竭，然苟地势过隘，不能相容，而必事事求备，丛集一处，则反成水利标本陈列室，令人一览而尽矣。故此种情形之下，宜因其环境自然之势，择其相宜者用之。果也，地势阔绰，为之甚易，亦需布置于各方，令其各据一胜。要之，为瀑之处，不必见堰；为堰之处，不可见溪之全流；为溪之处，不必见沼；为沼之处，又不可见溪之导水，而出于园也。

城外之园，情势又变，因其主要在利用天然，而不在模仿天然也。故园中布置，应与园外相较，而力避其重复。故近山之园，水之需要较切，而近水之园则不然。再推而论之，园之临于湖泊大川者，园中不必有大池沼（荷池不在此限）；园外有瀑，园中不必有瀑；园外有溪、有堰，园中不必再有溪与堰。然此之所言，但指用人力为之者耳。若已有天然之水，与地势可以利用，则又不在此限也。

别业与别庄，其性质较近于居宅，除天然之形势可以利用者外，水之点缀，不必更以人力为之，于此时也，器蓄之法，反觉相宜矣。高池之作溪形者，尤为用称，因其工程简单。

石移置奇石于庭园中，以作点缀之品，此恐是我国人特别之嗜好。世界皆谓，东方人好天然之美，此事亦其一也。《西京杂记》"茂陵富人袁广汉，于北邱山下做园，构石为山"。此不过以石为造山之材耳，尚非后世用石之法。《南史》"到溉居近淮水，斋前山池，有奇礓石，长丈六尺，梁武戏与赌之，并礼记一部，溉并输焉，诏即迎至华林园殿前。移石之日，都下倾城纵观"。此当是癖石者见于史传之始。

《旧唐书》"白乐天罢杭州，得天竺石一，苏州，得太湖石五，置于里第池上"。此太湖石之初见于载籍者。《长庆集》曰"石有族，太湖为甲，罗浮天竺之属次焉"。同时牛僧儒，洛阳归仁里第，多致佳石美木。白居易有和牛太湖石诗。李赞皇平泉庄，怪石名品甚多。《会昌一品集》曰"德裕平泉在，天下奇珍，靡不毕致。日观震泽、巫岭、罗浮、桂水严湍，卢皋漏潭之石在焉"。台岭八公之松石，巫峡严湍琅邪台之石，布于清渠之侧，仙人鹿迹之石，列于佛榻之前，是太湖石之外，可用者尚多也。大抵癖石之风气，始于六朝，而盛于唐，直至于今犹然。

石之美无一定标准，癖石者之心理，则由于一定规则之反动。中国之文化，至两汉而极盛，魏晋承之，事事皆有轨道与途径，才智之士，生息于此中既久，则厌恶之心起，而反动之念生，观于轻视礼教与崇尚清谈之习，亦发生于是时，可以知之矣。石者，最无一定规则者也。无一定规则之中，又往往得出人意外之奇趣，故选石者，不能于心中悬一形象以为目的，但能就实物中选择之。大抵取欹侧不取平正；取丑怪不取端好；取惊奇不取故常；取空灵不取平实。而古今之佳石，亦必无两具互相类似者。

置石之法有四种：一、特置；二、群置；三、散置；四、叠置。

特置之在砖石地面者，宜有座。在土面者，不宜用座。座之形式，宜简单，宜平正，不可有层叠之环带、工细之雕饰，尤不可有拟石皱与树皮之花纹。置土面者，即有需座之必要，亦需以土掩之。群置、散置，皆自二枚以上，相近而不相切，要需大小不等，疏密相间。群置者，取侧面之式。散置者，取平面之式。叠置者，合多石以成一姿式。自群置以下，皆忌左右相称，或布置成一几何形。俗人更有仿作一事物形者，尤当力避。

庭中之石，多为特置，与二三石之群置。庭园之中，群置、叠置可择一用之。园中固可多用，但亦需布置得法，要之，当令人于园中见石，不可令人于石中求园也。若但见石不见园，亦不免触目生厌。城外之园，尤不宜过用，前既言之矣。别业、别庄等，但可偶一用之。

器具此非室内之器具，乃露置于地面者也。最通行者，为石案石礅等，古人有之，今人亦用之。至如石床、石屏等，常见于

旧画中，今不见有用之者。又日本庭园中点缀，以水盆、石灯为
最普通，国人今日用之绝鲜，然古固有用之者。古诗"石上自有
尊罍洼"，此即指石盆也。唐人小说中，有记灯久而为怪者，曾
有诗曰"烟灭石楼空，悠悠永夜中，虚心愁夜雨，艳质畏飘风"
云云。相其形式，亦即今日日本之石灯也。北平旧京有地名曰石
灯庵，则是吾国中犹有用之者，但甚少耳。古人又有桔槔、水磨
等之设置，两者本田野中物，园之大者，每以一部分饰为田野风
景，则农具亦应少备。明时中海南岸，即有如是境界，其东有乐
成殿，有水磨，亦即此物。李西涯《桔槔亭诗》曰"野树桔槔
悬，孤亭夕照边，间行看流水，随意满平田"，是园中有桔槔之
证。既有田野风景，则酒帘亦可助兴。小说《红楼梦》记大观
园，有曰杏帘在望者，是又人所习知者也。此不过偶然忆及者，
若在昔人诗文中搜求之，其种类当更不少也。

　　石案石磴，可以起居，人所习见，前文亦既言之。石床可以
休憩，石屏之见于旧画中者，或为石制，或为砖砌，未能定也。
大抵依山之台，或庭院之空旷处，地面皆砖铺石砌，明净无尘，
是为屏之相宜处。屏后常露竹树棕榈之属，屏前常为石案石床
等，此制整洁高华，于清夜玩月尤宜，不知今人何以不见采用。
石盆可盛少水作盥洗之用，石灯不特可以照夜，其形式尤峻峋可
观。至水磨桔槔之属，需有天然之地势，始能配置，果其相宜，
不必定有田野之设备。

　　石案石磴，庭园中物。石床石屏与盆灯等，皆园林中物，水
磨桔槔等亦然。井上亦有用桔槔者，然庭中之井，则大率用辘轳
也。别业别庄之于器具，亦与庭园相同。

建筑物庭园中之布置，在庭之一方面，无所谓建筑物，因其先有建筑物而后有庭也。在庭园，则建筑物已成问题。在园与园林中，建筑物与花木泉石，同处于平等地位。至别业别庄之庭，则又与居宅之庭无异，故建筑物亦不成问题。

庭园之于建筑物，虽亦先有建筑物而后有庭，然此庭者，非仅以为庭之用，而将以为园之用，故当其计划之始，一方面计划建筑物，一方面即计划建筑物以外之园。故庭园也者，以建筑物为主体之园；而园及园林也者，则以园为主体之园也。

庭园中之建筑物，即所谓厅堂、书斋者也，皆以一层平屋为宜，间亦有作两层者。若正屋为两层，其旁必须有一层者数间作陪衬，否则以曲廊代之。若正屋为一层，亦可就一部分配置两层之屋一两间，或竟不用亦可。要须屋宇不多，而曲折有情致。楼台之属，以不用为宜。

园与园林中，以平屋居多数，且随时多占主要部分。台、楼、阁、亭，则恒居于点缀地位。

台、楼、阁、亭等，皆游观之建筑，四者之中，台之发达最早，然自明以来，单用者甚鲜。今日故都建物中，可称为纯粹之台者，惟东城之观象台，然不在园林之中。其在北海者，如琼岛东面之般若台，又西北之庆霄楼，中顶之白塔，其下之基址亦皆台也，但其上已有建物，故皆不以台名。颐和园中之佛香阁、五方阁等，其下之崇基，性质亦复如此。总之，古之所谓台者，其上皆无建物，若有建物，即属于楼一类矣，合称之曰楼台较协。

楼在园林中者，惟北海琼岛上之庆霄楼，名实相符。至北岸之万佛楼、中海之听鸿楼，实际上皆阁也。

阁为两层以上建物之在地平面上者，中海之紫光阁，可为代表。

亭与阁之分别，在仅限于一层。但亭有重檐、三檐者，外观之，颇近于阁，实际上，两层、三层之与重檐、三檐，亦易辨也。

无论城中之园，与城外之园林，其中之建筑物，在地面上皆应占最少之数。至就各种形式之建物论之，在城中者，以楼阁等较为需要。盖深锁于万屋鳞鳞之中，每思占较高地步，登临纵目，以延揽城外之山光水色，故城中之楼阁，其在观赏上之效率，较之城外者，自应宏大。在城外者，以亭为最切于用，因其不安四壁，与四围之天然风景，易于接近，且形式单调，于天然之风趣，亦复易于融洽也。

别业别庄之性质，于居宅为近，于园林较远。别业者，第二之居宅也。祖宗、父母灵爽之所寄，时一定省焉，借此以息心远虑，求精神上之宁静，此与今日西人避暑之居相似。别庄者，改良之农舍也。在城为士大夫，过士大夫之生活；在乡为农夫，过农夫之生活，用士大夫之精神，整理农村之物质，以别成一种优秀简质之境界，是别庄之布置法也。别业、别庄皆有庭，其地面常较城中居宅为宽绰，而又在天然环境之中，即使不植一树，而园之风趣固已自足矣。游观之建物如亭、阁等，更非必要，果有十分相宜之地，偶一为之可也。

山与道路城中之园，若形式相宜时，于园中造山，则于心理上，可使地面之狭者变宽，宽者愈加其宽之程度，此指山之在中央者言也。若在一方一隅，则可以遮蔽此一方隅之邻舍，不令园之四面，皆为墙壁屋瓦所包围。若三面环山，于山之中央为幽居，山后为微径，多植竹树，掩其边际。则居其中者，亦可以隔绝尘嚣，自成一径，此指大规模之造山也。若就其小者言之，则坡陀一曲，峰岭一两处，亦能令竹树生色，泉石有托，故造山者，对于平衍散漫之补救方法也。若不相宜，则以叠石代之。

叠石之与造山，原为两事。然两者相需为用之处正多。或山头戴石，或山麓散置奇石，此山之有需于石者也。有时叠石过高，则与地平相接处，需作斜坡，以缓其势，此石之有需于山者也。类于此者甚多，不胜枚举。但就其各个性质言之，则造山不宜过小，而叠石则不宜过大。故不宜造山之时，叠石可以代造山之用。而用叠石则嫌其过大之时，则造山或正合宜也。

园中之造山，始见于汉。《汉宫典职》曰"宫内苑聚土为山，十里九坂"是也，然此犹帝王之居也。《汉记》曰"梁冀聚土为山以象二崤"。《西京杂记》"茂陵富人袁广汉，于北邙山下筑园，构石为山，高十余丈，连延数里"。是贵戚民间，亦可任意为之，并无限制，然需大有力者始能胜任，则可断言也。至城中之园，山之需要较重，城外之园，山之需要较轻，此在古可无征，不过就心理上测验之，以为应如是耳。

除上节所言，天然与人为之两种，需要互为消长之外，城园之需要于山，又与需要于楼阁相同，因其于望远上皆有补助也。城外之园，但启户牖，而园外山色，已呈于目前，有天然之山在，则庭前之覆篑，自觉多事。然使在平原之地。附近数百里无山，则园虽在城外，在心理上亦有造山之必要。要之造山一事，一需相其地位为之（如城内城外等）；一需相其地形为之（平与不平等）。平衍之处，需要之程度较多，坡坨起伏之处，需要之程度较少。而坡坨起伏之上，假令善于利用，以之为山，亦未尝不可借以增加气势之峻整，与根盘之回互，是又不可拘于一说矣！

古称"为山九仞，功亏一篑"。是造山之事，三代已有之，但不知其用于何处耳。而一篑之土，可以亏九仞之功，又可知古人对于形势上之研究，已有相当之程度也。《赋》美人者，谓增一分则太长，减一分则太短，亦正类此。使非有彻底之鉴别力，又何能于一分、两分之间，辨其长短耶？

道路者，平面的建筑物也，其重要不亚于纵面的建筑物。分而言之：一为与全园地面之关系；二为与园中各建筑物的关系；三为交通上的性质，与全园地面的关系，犹之植物叶之筋脉与叶面之关系也。是在计划之时即应注意者，与各建筑物之关系，犹之植物枝茎与花果之关系也。是固应以各建筑物为主，而在道路上之大小曲直，亦有斟酌之余地。至在交通上之性质，亦与其他道路不同，普通道路，但求便利，园中道路，则如铁道上之风景线然，以行道者之眼福为主。

以上六种，即组成庭园之要素也。其对于各级之庭园，有居于重要地位者，亦有适相反对者。分而观之，既各得其特性之所在，迨至合而用之，庶几较有把握矣。神而明之，存乎其人，古人有言。

## 总 论

就庭园而分为六级，就庭园中之要素而分为六种，此于古亦无征。著者但就读书与见闻所得，总会之，分析之，融会而贯通之，厘为此种名目，以规定一中国庭园之范围而已。兹就各级庭园之可征信于古人者，约举数条，大抵名目不必尽同，而性质则固确为一事。非附会之言也。

《左传》钼麑触槐一事，可见周代庭中已有植物。晋《罗含别传》曰"含致仕还家，庭中忽自生兰，此德行幽感之应"，此必当时有是习尚，故以自生为庆。又《语林》：谢太傅问诸子侄曰：子弟何预人事，欲使其佳？车骑曰：譬如芝兰玉树，欲使其生庭阶也。此可征之于晋时者也。至陈沈炯《幽庭赋》："所谓幽庭之闲趣，春物之芳华，草纤纤而垂绿，树搔搔而落花者。"则已完全画出一含有园林风趣之庭园矣！

宋玉《风赋》"回穴冲陵，萧条众芳，徜徉中庭，北上玉堂"。司马相如《上林赋》曰"醴泉涌于清室，通川涌于中庭"。虽其所咏为帝王之居，其气象非寻常人所能有，然其为庭院中景物，固甚明也。此尚可征之于晚周、西汉者也。

庭园为今之别院，此制古人早应有之。而配置花木，以为闲居养心之所，古人则谓之曰斋。《说文》曰："斋，洁也"。谓夫闲居平心以养心虑，若于此而斋戒也，是汉时已有斋之制，更有斋之名矣。而此后见于载籍者，则为地方官署之别院（官署之结构有定制，其中干皆名之曰堂、曰门，则其闲居养心之室，必为别院无疑）。《成安记》"殷仲堪于池北立小屋读书，百姓呼曰读书斋"。《山堂肆考》"晋桓温于南州起斋"是也。《南史》"到溉居近淮水，斋前山池有奇礓石"，此则私人之宅矣。此后公家者曰郡斋、衙斋，私家者曰山斋、茅斋。而东斋、西斋之名特多，此犹可证其为别院也。又言及斋前风景，多与池阁花石为缘，此更可证其性质在居宅与园林之间也，是即本书之所谓庭园矣。

园与园林之别，浅言之，为小大之区别、城内与城外之区别。深言之，则因其地位之不同，而其中之构造，亦各有特殊之处，上节已具言之，非徒在名词上之差异也。若征于古人，则若庾信《小园之赋》"既曰近市，又曰面城"，则其在城中可知。园之大者，若汉富人袁广汉之园，则明言在北邙山下矣。沈约《郊居赋》则明言在郊矣。盖城中地面有限，不能如城外之可以任意扩充也。至如明季李武清之园，所谓风烟里者，其地面之广，直吞清代之畅春、静明、圆明诸园而有余，与北京之面积相较，殆可伯仲。则无论何等大城，亦不能容此等园林之存在于其中也。

别业，又名别墅，一曰别庐。此等名词，皆发见于六朝晋书谢安传，与幼度围棋赌别墅。《刘琨传》"石崇河南金谷涧中有别庐"。《南史》《谢灵运传》"移籍会稽，修营别业"。此皆今之所谓别业也。至以祖宗茔墓所在，而有别庄之设，其事应始于古之庐墓。别庄者，墓庐之改良者也。而墓田之设置，亦实为别庄成立之要素，此则又与别业几无差别之可言矣。

各级庭园，皆就今日国内之所有者定之，其可征之于古者，既如上述。征之于今，则国内居宅，庭园以下，固居少数。而庭则举目皆是也。今但就其情形及其关于大体者论之：

庭为居宅前之空地。我国幅员广阔，风尚各别，建筑之形式不一，则庭之情形亦不一。如南方城市之居宅，率为两层居多，檐之距地，常在一丈八尺上下。庭之面积，每方不过一丈上下，人处其中，与坐井观天无异，故其俗名之曰天井。此天井式之庭，需相其四方之纵面如何，若四面皆檐与窗（图1），则无点

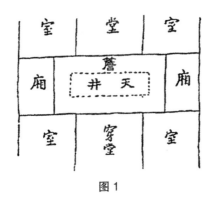

图 1

缀花木之必要矣（每方之广，若在二丈以上，尚可设计）。若一方为墙，则尚可设法，亦不过附墙一面，花坛与鱼缸之配置而已（图 2），此就城市言之也（图 3、4）。其乡居则不然，其庭常有甚广者，与北方庭院之情形相近。但若四面皆檐窗（图 5），则终不如一面为墙者之易于布置（图 6、7）。若能两面为墙，则更可得甚佳之风趣（图 8）。总之无论庭与庭园，其环境每喜与墙遇，而不喜与檐窗立壁等相遇（墙上有门窗无妨，但此等墙，以上无屋檐者为限）。最相宜者，两方为墙也（图 9、10）。上有屋檐之墙，如北方平屋之后墙等，最不宜于作庭园背影。

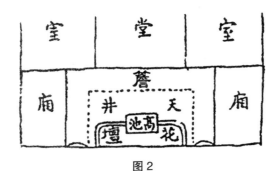

图 2

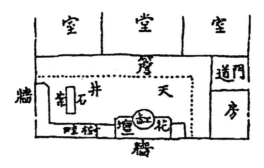

图 3

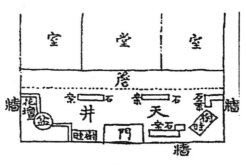

图 4

图 5

夏日午後東廂反照影響
及北屋溫度若非必要東廂可
廢西廂則免此弊

图 6

图 7

图 8

图 9

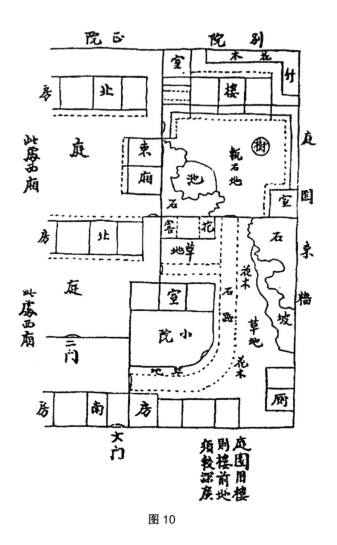

图 10

至园之情形又不同，庭园宜墙，而园则否。盖园之四面本皆墙也（世无四面建筑物之园）。立于园中而所见皆墙，此又与圈禁无异，故园不能无墙，而特不喜与墙相见，偶一见之可也，处处见之不可也。此与园林之情形相同。但城中之园，不能无墙，城外之园，设能并墙而用之，则更佳矣（图11、12）。

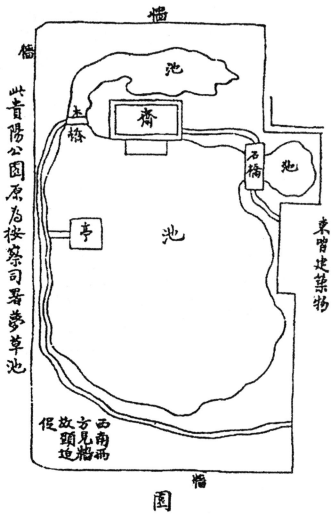

图 11

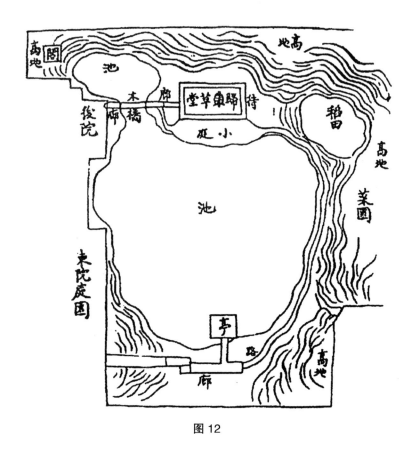

**图 12**

凡庭园之宜于墙，因其素地可作花石之背影，犹之作画者之需用绢素也。若窗户立壁，则不免有种种不同之色彩，与种种不同之条纹，可以淆乱花石之姿式。譬如作画于花笺之上，即普通人亦知其不可也。至于园林，则不宜示人以边际，故虽有墙，亦需设法掩蔽之。

园林之墙，以石砌者为上，土墙次之，砖墙为下。城外之园，更可用篱代之，或植短密之松柏于界上，而隐藏铁篱于其中，亦是一法。

庭园之墙宜涂垩，其色以白或淡灰为宜。园林之墙不宜涂垩，在今世或涂以洋灰亦可，取其近于土墙之色也。

园中有平旷处，即需有幽深处；有阔大处，亦应有小巧处、曲折处；有高耸处，亦应有低平处。

建筑物与地势应有配合，如临水宜榭，山顶宜亭，依山处宜台观，宽平处宜楼阁，是也。

小园之布置，需留出活动散步之余地。

第二编（上）

# 第一章　平　屋

　　居处问题，本于生活之必要，最初为穴居野处，由此而进为宫室之制。其后，因受巢居之影响，而有两层之制，由此两式，直至于今，为中国人居处主要建筑，今皆名之曰平屋。

　　普通居宅，皆用平屋，前既言之，中人最富于保守性质，即就居宅而论，古代居宅形式之可考者，与今日所有形式比较，知其变动甚少也。周代士寝与现代南方两进住宅，其相似之点，尤为显著（图1、2）。

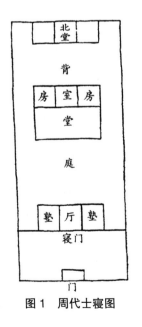

图1　周代士寝图

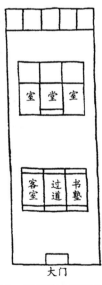

图2　现代南方两进住宅

中国自周以后，直至于今，政治、社会，多承周制，故建筑物形式之可考者，亦止于周，再上则仅可就文字上考之。

以有秦、汉、唐、明盛治，其在建筑上，亦有不同之处。夏商时代之皇居，多为集中四向之式，如王静安所考定之明堂、庙寝诸图（图3）。至周代则为左右对称之式，如图1。亦即今世所用者也。

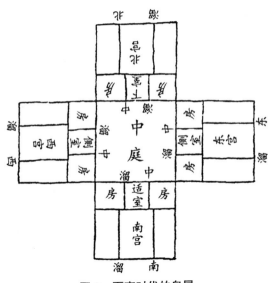

图 3　夏商时代的皇居

北方诸地，自古为游牧区域，汉族在北方时，亦为游牧种族，但至黄河流域以后，因其土地适于耕种，遂变为农业社会。《周易》曰："上古穴居而野处，后世圣人易之以宫室。"穴居者需平原附近有丘陵之处，若纯为平地，则只能野处。今国内犹存此种习俗，黄河南岸，尚有穴居（图4）。各处垦荒之区，尚有野处之棚（图5）。此种情形，原为北方所应有，迨其南迁之后，乃渐变为耕农，于是居处问题，亦渐由穴居野处而变为宫室。《礼记》曰："儒有一亩之宫，环堵之室。"所谓宫者，院墙以内之一片空地。所谓室者，即建于空地之上（古文宫字，即像此形"龠"，其三面之墙，中两方形，则两环堵之室也）。堵者土墙，凡筑墙者，先需规定墙基，然后以长方无底之木匣，置于基上，填土其中而筑实之，然后拆去木匣，其筑实之土留于基上，是名一板，十板为堵，集堵而为

图 4

图 5

墙，故墙亦曰堵，四面皆墙，放为环堵。此环堵之室，即由穴居变化而来，盖四面皆土墙，此与居于穴中无异，故环堵者，即地面之土穴也。然无上顶，则无以蔽风雨，故加屋其上，而室乃形成。屋宇在今日，用为一所建筑物之名，然在最古之时，则专指屋顶也。再推而上之，至于尚在北方之时，即今日之所谓幄。幄者，幕也，亦即今日蒙古人所用之行帐。此制由野处而来，盖野处者不能露宿，于是有行帐之制。其最单简者，但用两片编系之物，相倚而成人字之形，其物轻便，可以移徙，故游牧时代适用之。今既变为耕农，则以安土重迁，无需移动。而农业社会，有牲畜、农具之保护，及谷物之存积，而田畴皆在平衍之地，故至此时，土穴、行帐，皆不适用，乃变为宫室之制。即仿土穴之式，制为环堵；又用行帐式之物，加于环堵之上，而人乃可安居。故屋顶人字之式，可谓由野处变化而来者也。至于南迁之时代，则应在黄帝之世。

黄帝所统，本为游牧部落，南下略取黄河之地。蚩尤一役，最后之成功也。《黄帝内传》有曰：帝斩蚩尤，因建宫室。果为游牧人种，自不应有宫室，此以斩蚩尤建宫室连为一事，犹言战胜之后，始得今日中国北方之地，以奠厥居也。考汉族在中国之痕迹，皆自北向南而展进。土人则自北向南而缩退。蚩尤者，土人之代表也。此可因民族之移动，而推想古代建筑变迁之原因也。

一亩之宫，环堵之室，可谓为中国建筑物最初之形式。其后，社会日趋繁荣，所有建筑，自必渐趋复杂，故至周时，士之所居，已有如上（图1）之所示者。此图中尤有可注意者，则左右对称之形式也，此种形式，在中国极为普通。无论何时，无谓何地，且无论何种事物，皆具有此种精神。考其源流，应始于周。前谓古文"宫"字，像宫室之形，此周代金文也。推而上之，若殷虚文字中之"宫"字，则有做"𤦡"形者，可见其随意布置，不一定用对称式。而夏之世室、商之重屋（图6），又皆集中四向，不必左右平列。直至周代，上之帝后之居，下之士寝，（如图1）皆左右对称，层层加进。则谓此种形式，由周之旧习而来，较有根据也。周自代商之后，此种形式，自必推行全国，成为风气。中叶以后，随中国文化达于江南。至秦以后，则达于岭外南交，故至于今日，南方士族所居，尚有如上十六图之所示者。可以与上之十五图对照，而得我国古今同异之比较。

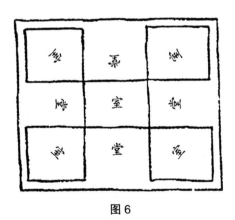

图6

又古称有巢氏构木为巢，似中国历史中应有一巢居时代。然遍考古籍，及今日北方，皆无巢居之痕迹（成汤放桀于南巢，即今巢县地，已在长江流域），窃谓此殆周以后之言也。居宅之近

似于巢者，惟南方水乡有之。今南洋土人尚存此制（图7）。大
江南北，濒水而居之人家，一面附于涯岸，一面则以甚长之木
柱支于水际（湖南人谓之吊脚楼），此者可谓有巢氏之遗风（图
8），但皆非北方所宜有。其所以有有巢氏之一说者，大抵因周
时文化及于江南。楚及吴越，代兴迭盛，与中原之交通，亦甚频
繁，此实吴楚之风，入于北人之耳目中，变为一种传说，经过悠

图 7

图 8

久时间，遂忘其为南为北矣。然今日南方民居，多为两层，未尝非受此事之影响。故有巢氏之痕迹，不见于北方，而可谓尚留于南方也。

今日北方住宅之组织，与上文之图1亦不甚似。最通行者，乃为三间、五间之三合、四合式（图9）。民国二年（1913年），嘉藻游历朝鲜汉城，在其陈列馆中，见有民宅之模型，亦为四合之制（图10）。朝鲜民族，多由东胡而南下者，窃谓四合制乃东胡制，而传入我国北方者也。其传入之时期，应在契丹侵入燕云之时。

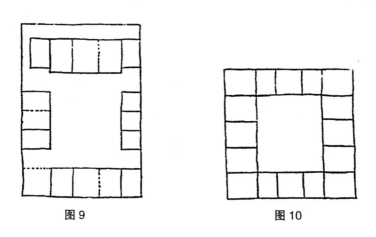

图9 　　　　　　　　　　　图10

又土炕之制，在中国往古无考，而契丹、大金两国制有之，则由契丹传入者无疑。此与今鲜人下空之地板，应有多少关系，盖皆由席地而坐之制来也。

总而言之，古代居宅形式之可考者，惟周时士寝之图，最为详备。此在当时为普通之制，因文化之传播，而遍行之南北。但南方因竹木樵薪之便，已不用土，而用砖与木材。又因受巢居影响，而有两层之制。惟各部分相互之间，尚存周时士寝之遗意。至北方亦因经济之发展，亦多以砖代土墙，惟森林不茂，故用木材较少耳。而各部分相互之间，已不甚合于古代，而多用中古以后由东胡传来四合之制矣。然由三间、五间而成一种左右对称之习惯，则南北皆同。此为中国建筑史上之特点也。

# 第二章　台

　　社会日渐繁荣，人之欲望亦日增，故于安居之外，更思有游观之乐，登高望远，亦游乐之一法也。北方一层之建筑，最不便于远观，故于住宅之外，又思有其他土木之兴作。最先发现者即为台。盖人之欲望虽盛，亦需借技术之进步，始能达其目的。今日楼阁之制，普通工匠能之，然在三代以前，父老相传，即无此种技术，则虽有人欲得之，亦将无人能造之。惟台之制，仅由积土而成，所需之知识有限，而已可以供远观之用。关于游观之建筑，在古书中，其可信者惟台之一式最早。《山海经》有轩辕台、帝尧台、帝舜台；夏有璇台、钧台；殷有鹿台、南单台；周初有灵台，其后见于周代各书中者，不可胜举。《五经异义》曰："天子有三台，灵台以观天象，时台以观四时施化、囿台以观鸟兽鱼鳖。"司马彪《续汉书》曰："灵台者，周之所造，图书、术籍、珍玩、宝怪，皆所藏也。"此台之得利用也。《说苑》曰"楚在王建五仞之台"。《尸子》曰："瑶台九累，此台之大者也。"《国语》曰："在王为匏居之台，高不过望国气，大不过容宴豆，此台之小者也。"然所称卫人造九层之台，三年而不成，致全国为之困弊，而谏臣至有垒卵之喻。则即就此简单之工程而言，其技术之有限，亦可想而知矣！

# 第三章　楼　观

继台而兴者为楼。楼者，台上之建物也。其本名曰榭、曰观。人之欲望原无止境，即有台以供登眺，又思于登眺之时，不受炎日与风雨之来袭，故榭与观之继起，亦自然之势。两字屡见于周代各书，而较台字稍后。《尔雅》曰："四方而高曰台，狭而修曲曰楼。"《说文》曰："榭，台有屋也。"以势揣之，台上之面积有限，既已有榭，何能再容此斜修之物。窃意：此所谓楼者，乃台上及梯级上之廊也。此式今颐和园中佛香阁及排云殿后皆有之，在佛香阁前及两侧者，可以谓之修而曲；在排云殿后者，可以谓之斜。故楼本台、廊之名，台上之屋，本名曰榭或观。然自汉以后，榭观两字皆废不用，而代以楼字。以后又用榭字以名他种建物，用观字以名道士祠神之处，而台上之建物，乃专用楼矣。

观字本训视，书益稷，"余欲观古人之象是也"。又训示，易观卦，大观在上是也。

以观为建筑物之名，当始于周。《三辅黄图》曰："周置两观以表宫门，登之可以远观，故谓之观。"《左传》"僖五年，公既视朔，遂登观台。"《礼记·礼运》"昔者仲尼与于蜡宾，事毕出游于观之上"皆是也。《左传》观台之注曰："台上构物，可以远观。"《尔雅》释宫曰："观谓之阙。"注："宫门双阙，因其为台上之建物，故谓之观"。又因双阙亦为此制，故至汉时有阙有观，度其在形式上无分别，而在名称上观、阙、楼、台四字，亦可互通。如并干楼又名井干台是也。《史记》汉武帝因方士之言，谓仙人好楼居，于是于长安作"蜚廉寿观""桂观"，于甘泉作"益寿观""延寿观"，使公孙卿持节设具而候神人。需要者为楼，而供给者为观。可见楼之与观，亦无分别也。至观与阙之同为一物，则上文具言之矣。

井干楼又名井干台，凡台皆积土石而成，此台乃积木而成，古人记此台之结构，特别郑重，然因无图证明，故读者每不易深解。张平子《西京赋》曰："井干叠而百层"。《关中记》曰："井干台高五十丈，积木为楼。"言筑垒方木，转相交架如井干。《长安志》曰："井干楼，积木而高为楼，若井干之形也。"井干者，井上之木桶也，其或四角或八角。按：此言楼、并干楼之制，皆甚明晰。尝考井字之由来，盖即井干之象形也。井干，今名井口，北方地质多沙井，掘土稍深，井口极易崩陷，此在南方，则甃以砖石，北方不易得此，则以木交架成井字形，以为井口。故井字者，即由此井口之形式而来也。图1，此为四角形，稍复杂者，亦可构成八角形。此已可以护持井旁沙土，使之不易崩陷，若再如式叠而高之，亦可作井栏之用，故《长安志》以为井上木桶也。台之初期，本由积土而成，然其势不能甚高，斜度亦不能太大，著欲作甚高之台，其纵面又求其壁立，则非用木不可，曰积曰叠，则可知此台之造法，系以等大等长之方木，以两木为一层，纵横叠积，由其两端相压，而空其中心也，此即井干

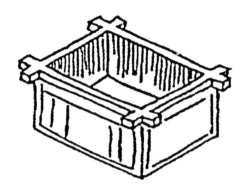

图 1　孙伯桓藏陶井模型

之结构。若再层累而积之，其势自可以甚高（图 2、3）。《西京赋》曰："井干叠而百层"，假定每木两端径各二尺，百层亦可至二十丈，三尺亦可至三十丈。在西汉时，北方森林尚未伐尽，三尺大径之木，尚不难致，其所以云五十丈者。中人目测，向不准确，且汉尺亦较今为短也。此井干之名之所由来也。此式久不见于世，然曹魏时尚有之。魏之柏梁台，应为百梁之误。梁本栋梁之梁，栋梁自须巨材，故古人每呼巨材之方整者为梁。百梁台之

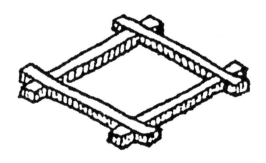

图 2　井干之结构

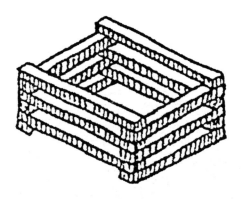

图 3 　层累之井干

名，汉武帝时即有之。服虔注曰"用百梁作台是也"。其结构之法，应与井干同。魏之柏梁，应由此来，而误百为柏耳。

中国建筑纵面，用木材者，向皆用立柱支撑，此独用横叠之法，且仅汉魏之间，用于楼台结构，此外，殊不易睹。然民间则时时有之。常在黔楚之交，见山中伐薪人，有用此法作临时住屋者，行时拆卸亦甚易，仍作木薪运去。又兴安岭中索伦人，其平屋有用此法者；美洲红人亦然。合众国总统林肯诞生之屋，即此式（图4），盖一种最易成立之营作也。而用作伟大建筑如汉魏时之所传者，则甚寥寥矣。

古代楼观之见于图画，今可得而见者：宋赵伯驹《仙山楼阁图》图内云山合沓，所有界画悉为台上之阁，层顶无甚特异处，而平面与纵面，则变化处甚多。由此等处比较之，始知明清两代之建筑，较之唐宋，实已退化也（曾见于杂志中插图。但何种杂志，则忘之矣）；南宋李嵩《内苑图》中有平台，上作平脊之建物。此图明王世贞旧藏，云为光尧德寿宫小景（图5）；马

图 4

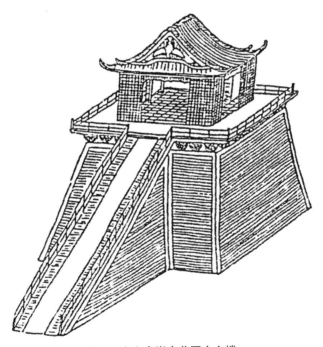

图 5 南宋李嵩内苑图中之楼

远山水，山石上有平台，其上亦为平脊之建物；宋画院之《黄鹤楼图》，闽县观槿斋藏，商务印书馆有照印本。楼建于城垣之上，盖就城垣加厚，扩而为台，于上建屋。此制曾见于曹魏之铜雀三台，但彼无图传世，不可考矣（《黄鹤楼图》见图6，为校订者增补）。

图 6

现代楼观之伟丽者，为旧京之紫禁城四角楼。黄鹤楼即属此式（图7），全楼共分五部分，大者居中，稍小者四，附于四方，中央为十字脊，其端四向，前后者之脊，与中央者成直角，左右者则与平行（图8）。紫禁角楼，亦复如是（图9）。所不同者，黄鹤楼中央部分为两层，角楼则仅一层。又黄鹤楼两层两檐，角楼则一层而三檐。又角楼中顶为十字脊，与黄鹤楼同。而向城外两方之小部分，其脊与中脊平行，向城垣两方者，侧与中脊成直角（图10），

图 7　黄鹤楼

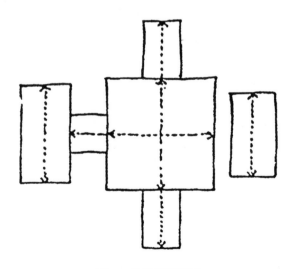

图 8　黄鹤楼平面图

图 9　紫禁城角楼

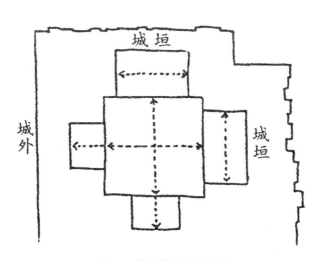

图 10　紫禁城角楼平面图

此为小异耳。又黄鹤楼面积甚宽，故成横式；角楼面积较小，故取耸式，此亦其不同之处。而其结构之大势，则无不同，知此角楼之意匠，与黄鹤楼同为一系也。黄鹤楼之历史始于唐，其名震于国内，至今未减。此图所示，不知成于何代，而其为宋以前所建，含有唐代建筑之成分，则不容疑。世人或谓中国绘画偏重理想，未必可据以为定论，不知中画本分南北两派，此言仅可施之南派，尤其是宋以后之南派。至北派则多重实写，尤其是工细楼阁，古所谓界画者，若非实有是物，断非执笔之人所能虚构。即如此图之所示，其实物久已无存，而明代所留遗至今之紫禁角楼，为古今中外所称叹，而不知其师承之何自者。乃能于此画中发见其复杂之结构，处处相同，如出一手，此岂理想家所能虚构耶？更可知古人画中之所示，无论其为虚构或实写，其为我国文化之表示，则不容疑。

时常与友人论中国建筑，引班固《两都赋》为证。友人谓为文人之理想，未必即是事实。吾则谓但属出于吾国人之脑筋，无论如何虚构，总不会杂进欧洲人思想在内。因论及黄鹤楼图而泛论及此，其实并非泛滥，实研究此学者所应认清之问题也。盖不如是，则古代事物可参考之材料更少也。

宋画院之《滕王阁图》，亦观槿斋所藏。亦建于城楼之上，与黄鹤楼同，楼为两层，平面作丁字形，俱为重檐，两端各用小楼，则非重檐。自图上观之，其雄杰之气象，在黄鹤楼之上，亦建筑历史上有名之物也（图11）。

明仇十洲《丹台春晓图》，中有平台，其上有平屋及阁式之屋，绵亘无际，屋顶斜脊，有作互相反向之曲线者。近代清宫建

图 11　滕王阁图

筑，惟文渊阁东隅碑亭，尚存此式，此自为明以前制。

清袁耀《汉宫春晓图》，临水为台，其上为阁式之屋，屋顶为十字脊，更于十字中央加以高顶，此式仇十洲之《汉宫秋月图》已有之。度亦唐宋以来相传之旧法也。

# 第四章　阁

今人又谓两层之建物曰楼，此有误也。两层之建物应名曰"阁"，阁之起又在楼之后。楼（原曰榭，曰观），始于周，阁则始于秦汉之际。考阁字最初，原为置于高处一片之木材。《尔雅》曰："积谓之杜"，长者谓之阁。郭注"枳，橛也"。又曰："橛谓之阑"，所以止扉谓之阁（阁之从门，应由于此）。是积橛一也，但用止扉者则谓阁。因之积橛之长者，亦袭阁名。又《内则》注："阁以板为之，庋食物者也"，则庋食物之板，亦用阁名（黔楚间谓之阁板架）（图1）。或曰橛、或曰板，总之，皆一片之木材而已。但既为庋食物之器，则已有在高处之义，后来所谓"束之高阁"者，亦与此同。萧何建天禄阁、石渠阁以藏书，度亦于壁上为阁以庋之，因其中所置皆阁也，遂以为建筑之名。阁之由一段木材之名，而变为

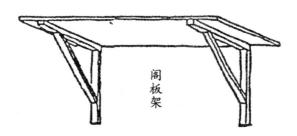

阁板架

图1

一建筑物之名，当自此始。但此种建物，必在二层以上，下层或废不用，所用者专在上层，上层底板既在高处，是亦与庋物之板相似。因之，架木以为复道，则谓之阁道。汉武帝为复楼阁道，自未央越城以达建章是也。《广雅》曰："栈，阁也"，故随山架木以为栈道，亦谓之阁，栈是阁也。栈与柴同，柴即今之所谓栅。栈道铺木为道，其下以往支之，柱多则林立似栅，故曰栈道。栈道亦谓之阁者，因人行于木上，而木下则空，与阁同也（图2）。总之，凡所谓阁者，皆具有一层木材，下空而用其上之义。故两层以上之建物，其上可以居人，而其下则空者，名之曰阁。

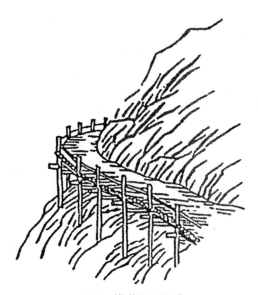

图2　栈道亦曰阁道

　　三代以前，旧有"阿阁"之说，其言不足信。盖就经传考之，自周以上，从无阁之痕迹；再就进化之理推之，阁之发明，亦应在楼台之后也。盖积土而为台，因台而有楼，此皆循序渐进之事。至架木而为阁，空其下而居上，虽在今日极为寻常，而在未经发明以前，恐无人敢冒此险。设为之而不安固，致令登其上者，遭陨越之灾，则为之梓匠者，又焉能辞其咎。即在今日，北方之人，尚有初次登楼而战栗失色者。北平"新世界"之初建，社会中人谓之为大危险物，必肇大祸，此等谣诼，至今未息。用之者已如此其慎，则为之工作者，苟无充分经验，其不敢冒昧为之，固人情也。推想阁之来源，其先因有庋物之阁，此种庋阁，扩而大之，取物置物之时，其上亦可以胜一两人之重，此已渐近于建物之阁矣。又因周之中叶以后吴楚先后通于上国，南方水乡两层之建物，亦渐为北人所知，则其建造之技能，亦遂有输入之机会。窃意建物阁之见于史者，虽实始于汉初，度周之季世以下，民间必间有用之者。不过至石渠、麒麟之后，而始显于世耳。不然，苟令梓匠之间全无如是经验，萧何虽欲建之，亦将无人能作也。然其起于台楼之后，固显然矣。

自汉建石渠、麒麟以藏图书，于是阁之与殿，同为大内主要之建筑。其与图书有关系者，如宋之宝文、天章、龙图等阁；辽之奎章阁；明、清之文渊阁皆是。其但供登临之用者，则石渠、麒麟之外，在汉尚有天禄、增盘等阁；唐之西京，有凌烟、清晖等阁；东京有清波、同心等阁；宋之汴京有迩英、延曦等阁；而元之延春阁，在大明宫后，延华阁在兴圣宫后，俨然为皇帝之正位，故言及大内建筑，恒以殿阁并称；明、清则以体仁、弘义两阁，列为正殿两厢；而内朝之侧，则明有隆道阁，在今养心殿前；清有雨华阁，在西六宫之西，则为宗教信仰之地矣。盖大内

建筑，不外一层与二层两式，一层者名殿，则二层以上者，自名
为阁，虽非如殿名之为帝王专用，而因其与殿同称，于是其名亦
俨然特别郑重矣。

阁大抵有两式：一为两层以上之建物；一为一层而空其下
方，支之以木、石等材，随其所在，有山阁、地阁、水阁等名。
唐裴度里第有架阁，即属此式。山水画中，常有临水之屋或亭，
其下支木如栅，皆是物也（图3、4）。

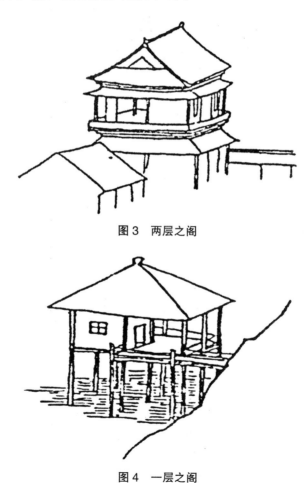

图3　两层之阁

图4　一层之阁

宋画院真迹，楼阁界画：仇十洲《汉宫秋月图》（图5），皆有两层之阁。

宋赵伯驹《仙山楼阁图》（图6）。

图5　仇十洲《汉宫秋月图》中之阁（此为沈敦和藏品）

图6　宋赵伯驹《仙山楼阁图》中之阁（图现存故宫）

袁曜《汉宫图》（图7）。

《蓬莱仙境图》、画院《滕王阁图》亦然。虽在台上应属之楼，然其式固阁也，结构皆甚复杂，非今世梓人所能梦见。

南宋李嵩《溪山楼阁》扇面，仇十洲《丹台春晓图》，皆有一层之阁，下列柱作栅形，此皆游宴之建物，与山水画中之草草者不同。

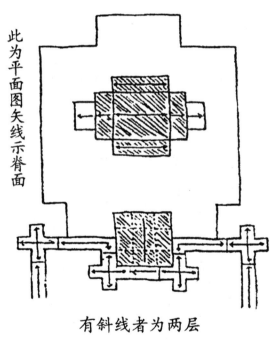

此为平面图矢线示脊面

有斜线者为两层

图 7　袁曜《汉宫图》中之阁

# 第五章　亭

　　游观之建物，在今日通行者为亭，以其需工少而成形美，占地小而揽景宽也。考亭字之最初，即有居处之一意。《说文》曰："亭民所安定也。"《释名》曰："亭停也。"《风俗通》："亭留也，行旅行宿之馆也。"其用为建物之名，则始于秦。《事物纪原》曰："秦制十里一亭"是也。其用为游观之处，则始于汉。《汉书》："武帝登太室，立万岁亭"是也。然汉代宫禁苑囿，其中台也、楼也、观也、阙也，不一其称，而无一处名亭者。惟唐代两京苑囿，则亭之名称渐多，故亭之一物，可谓始于秦而盛于唐。至其建物之形式，如今之各面相等，周檐而无壁者，最初见于《卢鸿草堂图》中，惜檐仅见一方，又不见其屋盖，不知是高顶或平脊也。然独立无壁，位于地面，亭之要件已具矣。至宋院画，遂有今日之所谓亭矣。

　　《事物纪原》所载之秦制十里一亭，此郊野之亭也。汉官典职，洛阳二十四街，街一亭；十二城门，门一亭。又张衡《西京赋》："旗亭五里"。注：市楼立亭于上。按此城市之亭也，至唐时犹用之，此皆公共建筑也。至汉武帝登太室所立之万岁亭，则似一种纪念物。至唐时苑囿中之亭，则纯为游观之用，后此之所谓亭，大半属于此类。《后山丛谈》："陕之守居多古，屋下柱不过九尺。唐制不为高大，务经久耳。行路亭用斗百余，数倍常数，而朱实亭不用一斗，亦一奇也。"斗，即斗拱在檐下者也。亭在建筑物中，为小而易致之工，故多奇制；《天中记》张镃作："驾霄亭于四古松间，以巨铁组悬之空半，此一奇也"；《封氏见闻录》："王锴太平坊宅有自雨亭，从檐上飞流四注，此又一奇也。"《销夏录》载："拂菻国人曾有此制"，拂菻国在今欧亚之交。今回教及土、希诸国，皆无此制，而自古有喷泉，或因喷泉而沿误，亦未可知。然既能置喷泉，则令水流檐际，亦自顺而易举，至王锴之所谓自雨，吾不知其如何矣！解醒语"元燕帖木儿于第起水晶亭，四壁水晶镂空，贮水养五色鱼其中，此又一奇也。按此即今日欧美水族馆之制也，不过今日之设备，尤为完美耳。《天中记》又记：宋理宗时，董宋臣为制折卸折叠之亭，此又一奇也。其用在可以随意移置，视山水之佳胜处，适宜用之。《苕溪渔隐丛话》：东坡守汝阴，作择胜亭，以帷幕为之，此则仅借用亭名，其实行帐耳。然即此，亦可以见亭之适用于游观矣。

北京宫殿坛庙中，间有井亭，形皆正方，其顶空若井口，以便天光下注井中（图1）。《辍耕录》记：元宫中有盝顶井亭，即

图1　故宫中的井亭

属此制。盝字，字书谓与溋同。顶，指天光之下漏处也。元宫中有盝顶殿，想亦不外此制。游牧人所用穹庐，有于顶上正中处，开一穴口，以散烟气，如南方之开天窗然，盝顶之制，想自此变来者也。

阁楼等游观之建物，一所孤立者甚鲜，惟亭不然，山巅水涯往往有之，所以有孤亭之一名词，此亦亭之特殊处也。

# 第六章　轩

　　建筑物中有一种名曰轩者，与斋、堂、馆等，同为游观用之居所，大抵属于平屋之一类。至其建筑上之特点如何，自来未有详言之者。

　　考轩字从车从干，其来甚早，原为一种车名。《说文》："轩曲辀藩车也"，段注谓："曲辀而有藩蔽之车也"。盖古之车，但有车位，而无今之车厢，普通者，略如今之敞车，前有直辕，车坐左右有阑；大夫以上所乘之车，则前及左右皆有阑，而高则如屏，即《说文》之所谓藩也。前不用辕，而揉木以为辀，其势昂起，然后曲而下。居于正中，两马或四马夹辀而负之，是即轩车之结构（图1）。

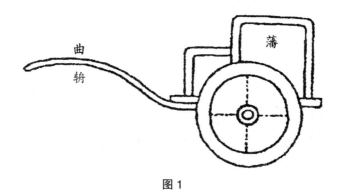

图1

考轩车之所以异于他车者，一为屏阑，一为曲辀。屏阑，后人或谓之曰栏板，栏与阑同，盖在阑之后面加以平板也。曲辀之曲度不大，略加波峰之与波谷。然此二种形式，遂为轩车之特点。轩字之假借为他用者甚多，而皆具有此两特点。有具一点者，亦有兼具两点者。

汉《西都赋》"重轩三阶"，《注》："轩，楼板也"（此用楼字者，盖凡楼皆有阑也。楼之本义，为台上之有建筑物者。此阑即在台沿而处建筑物之周围）。《西京赋》"三阶重轩"。注曰："以大板广四、五尺，加漆泽焉，重置中间阑上，名曰轩"。《鲁灵光殿赋》"轩槛曼延"亦阑板也。《后汉书·献穆曹皇后纪》注曰："阑绞曰轩"。凡此之所谓轩，皆不离乎槛字、阑字、板字，此由轩车中所含藩字之义意而来者也。

《汉书·史丹传》："天子自临轩槛"，注"槛上板曰轩"（见《华严经音义》引《后汉书音义》）。盖阑与槛，除上下左右边框外，当中皆由木条合成（图2）。其有于木条之后再衬以板，或竟不用木条而用木板者，则名曰轩。今故宫中宝座四周之阑，及太和殿前月台二面之阑，其下方犹有板之残存（但月台皆石阑），是皆轩也（图3、4）。《魏都赋》曰："周轩中天"，《文选》注

（甲）槛即栏，中用木条合成

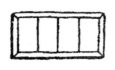
（乙）衬于木条后之板

（丙）未用木条，径用木板

图2

图3　宝座四周之阑

图4　太和殿前之阑

曰："径以为长廊之有窗而周回者"，此实不甚恰当之解释也。《正字通》："轩，曲椽也"。又曰："殿堂前檐特起曲椽中无梁者，亦曰轩。"（见《中华大字典》所引字汇中文），此乃为此轩之确解。此制似始于汉魏之际，以前之所谓轩，皆指有板之阑而言。此曰中天，则明是属于屋宇之高处，盖于殿堂之前做廊式之建筑物，其屋盖则与殿堂之前檐相连，而成一屋盖，前后皆有斜面。上为平脊而不用栋，但用曲椽架过，隆起作半月形（今南方名曰圆脊），其下则有柱而无壁，足部则用有板之阑（图5）。此

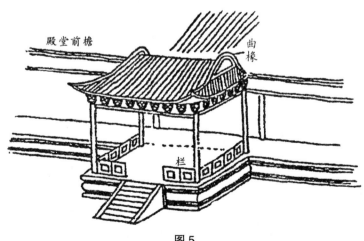

图5

式唐、宋界画中屡见之（宋人《太古题诗图》）；明、清人之界画
亦有之（仇十洲《汉宫秋月图》、袁耀《蓬莱仙境图》）。建筑物
则中海"四照堂"后之一堂，即有前轩；中海西岸"紫光阁"之
前檐，亦有此式，但多三面之格扇耳（此格扇即《文选》注之所
谓窗也）。民间亦有用之者，余偶收得人家别院之照片，今示如
下（图6）。

图 6

轩多在殿堂之前面，此曰周轩，则四面皆用之。仇十洲《汉
宫秋月图》中，即有周轩。《圆明园图咏》中之"万方安和"，其
南岸之大亭，亦有此式，《文选注》以为长廊，亦非全误。若以
四面之轩联以曲廊，则谓之曰廊，亦未尝不可也。

今太高殿门外之两亭，其四面附属之建筑物，亦此类也。所
不同者，在顶上无曲椽耳。

此制之命名曰轩，一由于足部之阑板，一由于屋上之圆脊。

盖圆脊必用曲椽，自其脊端视之，其圆之曲度，与轩辀之曲度相似也。其屋脊之端，既含有轩车曲辀之义意；其足部之阑板，又含有轩车藩之义意，故此制之于轩车，乃兼具其两特点者也。大约当时（指魏晋以下）多有此制，故天子不御正座而御檐下，则曰：临轩后世、临轩策士、临轩授辀之词，皆本于此。

此制以无壁为原则，亦与廊同。其后乃有三面装格扇者，故《文选》注以为长廊之有窗者也（所谓窗，即今之格扇）。《唐诗》"开轩面场圃"，亦不过撤去格扇耳。今北平又有用于殿堂后者（见故宫西路），匠人名之曰老虎尾。

图画中若明刻之唐解元《唐诗画谱》（今石印者改名《诗画舫》），及小说传奇中之插画，其中轩之形式甚多，不胜枚举。大约唐、宋以来，民间亦盛行之矣。

轩字有用于形容词者，如轩昂、轩翥、轩举等字，似皆由此形式而来。盖在建筑物中，以轩之形式最为杰出也。轩檐亦用翘边、翘角，与他建筑物同，而他建筑物大抵皆有墙壁，此则无之。但由四周以支此浮出之屋盖，如鸟之张翼欲起，真似具有飞翔之势。故由此制，可以得此等昂藏之意义，若但就轩车言，何能发生此等感想耶？

如曰轩然大波起，则当然是由曲辀之意义而来，以两者皆在低处，且皆具有流动之势也。试想车如流水马如龙时，则曲辀之低昂推进，不恰似波涛之汹涌耶！

《周礼》"春官小胥，诸侯轩悬"，注曰：其形曲，故又谓曲悬，此盖指乐器之架而言，今悬古钟磬之架，犹可见此式（图7）。

图 7

《后汉书·方技传》："轩渠笑自若"，"轩渠"，笑貌。盖凡笑则口张，口张则上下唇皆显曲势也，此与轩悬皆由辀之曲执而来。

今综合由轩车之两特点所发生之用词，以系统著之：

今但就建筑言之，则建筑物中之所谓轩者，为附于堂前后之廊式之物，上为圆脊，中无墙壁，而下有装板之阑者也。此物形式之说明，以《正字通》所载者最为明确："曰殿堂前檐特起"，是言其屋盖之位置，乃由殿堂之前檐延出，另起一脊也（图8）；

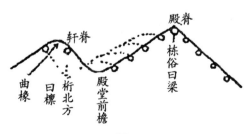

图 8

曰："曲橡无中梁"是言其屋脊之构造，不用梁而用曲橡也（图9）。此似专就屋盖而言，再合其下部之有板之闌，而轩之形式乃完，而其所以名轩之故亦可了然矣。至《文选》注之以为有窗之廊，虽不恰当，然亦可由是而证其为廊式之物，是亦未尝无补也。

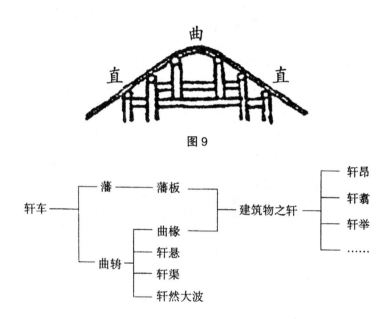

图9

若就其沿革言之，则其初之所谓轩者，似指殿前平台之三面有闌者，此与今太和殿·乾清宫前之月台无异。故汉人词赋之注中，皆不离槛、闌、板等字。至《魏都赋》中，始有"周轩中天"之文，而注家则以"廊"字解释之，可知是于月台之上，加以间架及屋盖也。自此以后，唐、宋人文字中用之甚多，而《正字通》之解释又如是其详，而轩之在建筑物中，乃可得明确之认识矣。然此式之初原为殿堂之一部分，未有独立性质。其后又有独立者，常见于明人画中，即今日北海静心斋后池中，及颐和园谐趣园池中，皆有长方式之亭，相其形成，亦可谓为独立之轩也。若瀛台下之待月轩，则又名实皆符矣（图10）。但今日北方之圆脊稍锐，不及南方者之合度（图11）。

图 10

图 11

今日大建筑之中西兼用者，如协和医院等，其大楼前多有轩式之建筑物，但多不用圆脊耳。

又以《鸿雪因缘图说》三集，上册"半亩园"图中，亦有完整之轩，可见此式建筑至今未废，但人多不注意其名称耳。

# 第七章　塔

塔婆，印度佛教徒方坟之名，我国省称曰塔。《涅槃经》云"佛告阿难，佛般涅槃，荼毗既讫，一切四众，收取舍利，置七宝瓶，于拘尸那城四衢道中，起七宝塔，高十三层，上有轮相辟支佛"，此塔之始也。《僧祇律》云"佛造迦叶佛塔，上施槃盖，长表轮相"。《十二因缘经》云："八种塔并有露槃，佛塔八重，菩萨七重，辟支佛（缘觉）六重，四果（罗汉）五重，三果（阿那含）二重，二果（斯陀含）三重，初果（须陀洹）二重，凡僧但蕉叶火珠而已矣。"又曰"轮王以下起塔，安一露槃"，此塔之等级也。《僧祇律》云："起僧伽蓝时，塔应在东北。"此塔在伽蓝中之位置也。有舍利名塔，无舍利曰支提。《法苑珠林》曰"支提"一名"率堵婆"，又翻"浮图"。中国有寺，始于汉明帝时，名白马寺，在洛阳。中国有浮图，始于后汉。范书曰"陶谦大起浮图寺"是也。其制如何？今皆不可考矣。

塔之制随佛教而入中国，塔之形式，当然亦本于印度。但中国原有中国之文明，故其吸收外国之文明，往往以本国之文明同化之，使之变为一种中国式。故佛教入中国后，变为中国之佛教，印塔入中国后，亦变为中国之塔。印度古塔，今可见者，有

图 1

佛陀伽耶寺之大塔（图 1），在印度巴陀那州伽耶寺南七英里尼连禅河之西岸，为大圣释尊成等正觉之圣迹，以砖造成，大塔四隅有小四塔，塔基围 48 英尺（1 英尺 =0.3048 米），全高 170 英尺。为公元 2 世纪之建筑，约当中国东汉之末世。此塔为四方立锥形，即所谓方坟者也。中国之塔，则由四方而演为六方、八方及圆形等；由立锥形而更演为阶级形、直筒形、阶段形等之四式。又因受中国建筑之影响，塔身之外，附以层层之檐。而塔之内部则有实者、有虚者，虚者有时与一间空室无异，层层直上，俨如多层之阁然。今先就国内之塔说明之：

立锥形者，自下而上，依一斜度而渐小者也。如河北真定开

图2

元寺砖塔（图2），即属此式。又上海龙华塔，去其檐部，亦显立锥之形。杭州保俶塔亦然（保俶塔原有檐级，久毁）。

阶级形者，自下而上逐层缩小，而每层之壁皆垂直者也。如西安慈恩寺之雁塔（图3），阶级之形最显，此无塔廊者也。如福州石塔寺之石塔，虽有塔廊，仍可见其阶级之形。

直筒形者，自下而上皆等大，至顶而始收缩者也。如河北通县佑胜教寺之燃灯佛塔（图4），即属此式。此外，如四川彭县之龙华寺塔，共十七级，而自十级以上，即逐渐依内曲线而缩小。又如云南大理之千寻塔，则中，上部反较下部为广，皆此式之少变者也。

图 3

图 4

三者之外，又有做阶段形者，或两段、或三段，此式多由阶级演进，每段各含有数级，在上之一段，恒较下之一段，骤然缩小若干。如河南之繁塔，则三段者也；山东兖州之龙兴寺塔，则两段者也（图5）。此种配合，与佛陀伽耶大塔之顶段有相似处。

图5

印度之塔，本为方形，至中国而多变为六方形、八方形，然方形仍尚有用之者。如江苏虞山之方塔（图6）及松江之方塔、嘉禾广福寺之东塔，皆方塔中之精整者也。此外如前所述之真定开元寺砖塔、西安之雁塔，亦皆方式。

圆式则除西藏塔之外，中国圆塔甚少。可见者惟河南嵩岳寺塔及奉天锦县之古塔而已。

图 6

　　以上皆就塔身之干部言之，若就其内部言，则有实者、有虚者。虚者有内空，直如一多层之阁矣，内部与外附檐级之相应。实者檐级之距离密，虚者檐级之距离疏，故但就檐级之距离，可以知其内部之虚实。今谓实者为多檐式，以其仅外部有檐而内部并无空间也。虚而有内空者为多层式，以其每层内空，俨然等于阁之一层也。

　　多檐式者，如北京阜成门外八里庄之万寿塔（图7）。又天宁寺之塔，亦属此式。

　　多层式者，如山西开元寺塔（图8）及山东青岛李村女姑塔，

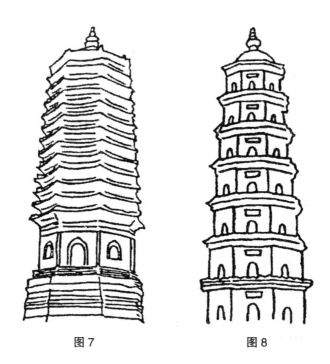

图 7                     图 8

两塔外观虽不相似，而其每层皆空之处则相同，不过前者之檐
狭，后者之檐广耳。大概多层之中，又分狭檐、广檐两式；而广
檐一式中，又分无廊、有廊与仅有平座之三式。

塔之有廊者，乃于广檐之下又具有廊式之物也。如广州之六
榕寺塔（图9）、镇江之金山寺塔及上述上海之龙华寺塔皆是也。

塔廊者，依于上之檐宇，下之平座，中之立柱与横栏而成立
者也。其无塔廊者，皆仍有檐，不过无平座及栏柱耳。此两式，
其塔身之内部皆空，与多层之阁无异，或命之曰阁式之塔。而浙
江普陀山太子塔，则但有平座，而无檐及栏柱（图10），此亦塔
之别开生面者也。此外，如吴越时铜铸之金涂塔，亦属此式，但
甚小耳。

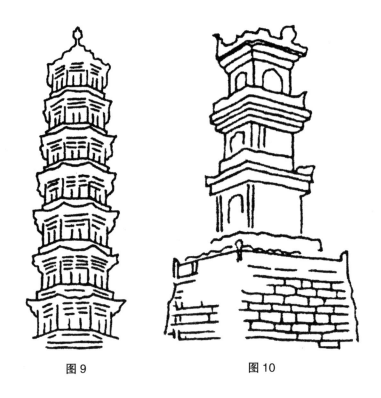

图9                                      图10

檐在塔身之距离，有密与疏之两种。而檐之本身，亦有广与狭之两种。狭者多以砖石为之，层层出入，叠成多棱之横带。广者多以瓦为之，与寻常建筑物之屋檐相同，亦有翘边昂角之制。塔之有廊专属于广檐而疏层者。

塔顶之装饰见于佛经者，有槃盖、相轮、蕉叶、火珠等形，既如上述。中国塔，多用大小圆球相连而成贯珠形，立于顶上，亦有兼槃盖等物而用之者。至塔之基址，稍为特别者，则不外特高与特广之两式。如北京八里庄之万寿塔，则以高取势者也（见图7）。如普陀山太子塔，则以广取势者也（见图10）。

以上各种形式，皆中国塔所具之特色。至仿印度佛陀伽耶式之塔，中国亦有之。世人常谓中国在南北朝时所仿印度之佛像，仅凭传说及理想，并无精密之图案，故往往有不合处，惟塔亦然。如真定广惠寺多宝塔（图 11），即与佛陀伽耶之塔相似之点甚多：

图 11

1. 中央一大塔，四角各一小塔；

2. 大塔前有独立之门；

3. 六者同在一高基之上；

4. 塔身随处穴壁作小龛，中置小佛像。

四者皆受有印度塔之影响，但在大体上寸寸而求之，则不能恰合耳。此当是得之传闻，而由中国人之理想，以指挥中国之工匠，故其结果仅能得此。此塔之外，北京玉泉山附近山顶之塔，亦属此式，但基址特别加高，稍觉不同。由此推之，则北京正觉寺五塔（图 12）、碧云寺、归化五塔寺等之金刚宝座，凡下为高台，而上列置五个或七个之塔者，皆为此式之变态，而由印度传来者也。

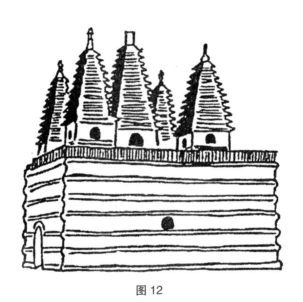

图 12

正觉、碧云之五塔，统名"金刚宝座"，见《日下旧闻考》。近见宋仁宗在印度所建塔碑中有云："于金刚座侧建塔"云云。此塔实在佛陀伽耶大塔之侧，可见此大塔原名亦为金刚座。则中国五塔制度之由此大塔而来，更有确证矣！

北京阜成门内之舍利塔（图 13），建于辽代。此种塔式，盛行于今之西藏、内蒙古，北方各省亦多用之，俗称之曰喇嘛塔。

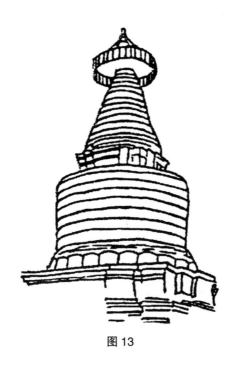

图 13

其小者，则用之于僧人墓上，故南方人又称之曰辟支佛塔。

以印度塔、喇嘛塔与中国塔比较观之，可谓由一柱形之物直立于地上，而以檐形之物划分为若干段者也。此柱形之物，由石或砖或木之各材构成之。其平面则有四方、六方、八方或圆之不同。其纵面则有立锥阶级、直通阶段之各状。其内部则有实者、虚者之两种。内部虚者，或分为若干层，内为一层，则外面必具一层之檐。更复杂者则更具平座、栏柱之属而构成一层之塔廊，此塔廊或檐，随内部之空室，逐层渐小而上，以至于最上之一层而结顶为焉。其通体皆实者，虽无虚檐之必要，而亦必具一檐级之形，以划分此立体为若干段。至其各檐之相距，则除最下之一层，其立壁特别高广外，自此以上，距离大率相等，不过多层者相距疏，多檐者相距密而已。亦有渐上渐密者，如真定天宁寺塔是也（图14）。又有疏密相间而用之者，如北京颐和园、玉泉山两处之五色琉璃塔是也（图15）。

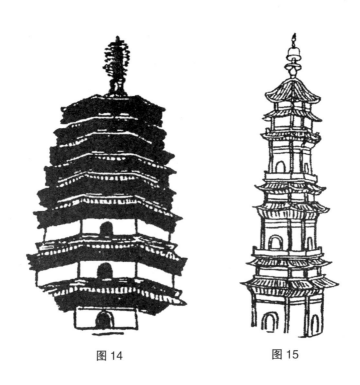

图14　　　　　　　　　图15

印度塔原为方坟之名，故其内部皆实。其层层可登者，惟中国塔为然。《僧祇律》曰："得为佛塔四面作龛，作狮子鸟兽种种彩画，内悬幡盖。"此亦似指内空者言，然则可登之塔，亦不尽背于释氏之旨也。

中国建筑素少变化，惟塔不然，其变化之多，几乎一塔一式。然分析而观之，要不出于以上所列举者之范围。不过直仿外国式者，则又当别论耳。今综合以上所列举者，列表明之。

中国塔所有各式：

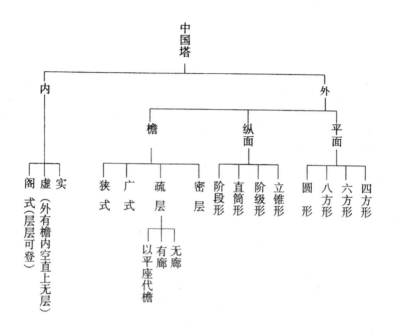

中国之有塔，当然在佛教输入之后。《后汉书》："陶谦大起浮图寺，上累金槃，下为重楼，堂阁周回，可容三千许人。"此塔之见于载籍之始。一浮图也，而周回有重楼、堂阁，可见非今日单纯之一塔，而与印度之六个建筑同为一所者相近。或者在汉时之塔，尚带有印度意味，惜在今日无可考矣。

综合以上所言，则中国式塔，可依下列之四点以观察之：一、平面之形；二、纵面之形；三、檐之广狭；四、檐之距离。国内古代之塔，其建筑之年代尚可信者，有如下述：

北魏兴和时建今之真定临济寺青塔，六方直筒形，狭檐密层。

萧梁大同八年建今之河南嵩岳寺塔，立锥形，狭檐密层。

萧梁大同十年建今之四川彭县龙兴寺塔，四方直筒形，狭檐密层。

北周建今之直隶通县燃灯佛塔，六方直筒形，狭檐密层。

六朝时塔之存于今者，有此四所，皆狭檐密层者。至广檐疏层，或更带围廊，如今阁式之塔，尚未发现。然如《洛阳伽蓝记》所载，魏熙平时所建永宁寺塔，九级高四十余丈（高度依《魏书》）。明帝与太后共登之，视宫内若掌中，临京师若家庭，因禁人不听升，则阁式之塔，彼时固已有之。不过此式不如实体密檐者之坚实耐久，故虽有之，不易久存。

隋开皇十五年建今之北京天宁寺塔，六方直筒形，狭檐密层。

隋仁寿时建今之苏州虎丘塔，八方阶级形，狭檐疏层。

隋仁寿时建今之南京栖霞山石塔，八方阶级形，广檐密层。

隋塔三所，两密一疏，而广檐与阶级形，亦始见于此。

唐贞观十八年建今之奉天北镇双塔，皆八方立锥形，狭檐密层。

唐初建今之西安慈恩寺雁塔，四方阶级形，狭檐疏层，见前图3。

唐周天授建今之郑州开元寺塔，八方阶级形，狭檐疏层。

唐开元建今之郓城残塔，六方阶级形，狭檐疏层。

唐贞元建今之福州石塔寺石塔，八方阶级形，广檐疏层，有廊（图16）。

唐贞元建今之真定广惠寺多宝塔，印度式。

唐咸通建今之真定天宁寺木塔，八方阶级形，广檐疏层。

图 16

唐乾宁建今之景州开福寺塔，八方阶级形，狭檐疏层。

唐建今之辽阳塔，六方立锥形，狭檐密层。

唐建今之宁波天奉塔，八方立锥形，狭檐疏层。

唐建今之兖州塔，八方阶级形，广檐疏层。

唐建今之嘉禾茶禅寺三塔，皆八方直筒形，狭檐疏层。

后周显德元年建今之开封繁塔，六方阶级形，狭檐疏层，分三阶段。

唐及五代之塔，除印度式之多宝塔外，共十二所，密层者仅二所，其十所皆疏层者，其中之一为有廊者。

大理千寻塔

辽清宁三年建今之山西应县宝宫寺木塔，八方立锥形，广檐疏层，有廊。

辽太康前建今之涿州智度寺塔，八方阶级形，狭檐疏层。

辽天庆七年建今之房山云居寺压经塔，八方直筒形，狭檐疏层。

辽建今之北京阜成门内大白塔，西藏式（彼时西藏犹名土蕃），见前图 13。

宋初建今之杭州保俶塔，八方立锥形，檐已毁。

宋太平兴国七年建今之兖州龙兴寺塔，八方阶级形，狭檐疏层，分两阶段，见前图 5。

宋元祐中重建今之广州六榕寺塔，八方阶级形，广檐疏层，见前图 9。

宋嘉熙建今之泉州紫云双塔，八方阶级形，广檐疏层。

宋建今之苏州北寺塔，八方直筒形，广檐疏层，有廊。

宋建今之武昌洪山寺塔，八方阶级形，狭檐疏层，有平座。

宋建今之锦州双塔，八方立锥形，广檐疏层。

宋建今之镇江金山寺塔，六方阶级形，广檐疏层，有廊。

宋建今之无为李家闸黄金塔，六方阶级形，狭檐疏层。

宋建今之山西五台山笠子塔，西藏式。

辽宋塔上述十五所，除西藏式二所外，余十三所，密层者仅一所，其十二所皆疏层者，其中除保俶塔檐已被毁外，狭檐者五，广檐者六。此六所中，有廊者又具半数。

元统元年建今之普陀山太子塔，四方阶级形，疏层无檐而有平座，见前图10。

明成化九年建今之北京正觉寺五塔（原名金刚宝座），印度式。

明万历壬辰建今之北京阜成门外八里庄万寿塔，八方直筒形，狭檐密层。

明建今之北京阜成门外建文衣钵塔，西藏式。

元明塔之标本图记有年代者，所得甚少，暂不比较。

以中国幅员之广，历史之长，塔之建筑，当以千数，今之有标本图者，不过数十分之一，而其中年代可考者，又不过十之一二，据此以为研究，当然不能遽下断定。兹文之所根据者，完全为实物照相，与由相片而转印之标本图。故理想之图画，与无图画之记载，以及诗文词赋中之所歌咏者，因其多不足据，概不采用。

# 第八章　桥

桥之起源甚古，《孟子》：岁十一月徒杠成，十二月舆梁成。杠者，列石为步，未具桥形（今日南人谓之跳墩），梁则直浮水上矣。《说文》：梁，水桥也；桥，水梁也，王氏以为鄙说。然造舟为梁，已见《大雅》。惟桥字之见于《仪礼》者，非训水梁，然则桥之训梁，为后起之谊。其见于书者，《水经注·坝水》曰：秦穆公更滋水名曰霸水，水上有桥，谓之霸桥，是也。桥有种种形式。诗《大雅》曰：造舟为梁。唐《六典》曰：水部，凡天下造舟之梁四，河三洛一，是皆今之浮桥也（图1）。《六典》又曰：石柱之梁四，洛三灞一。木柱之梁三，皆谓川也，皆国工修之，是即今之架桥也。古书之所谓梁者，浮桥为多，六朝之朱雀桁，亦为浮桥。架桥之可考者，初见于《说文》之文，所谓高而曲者也。然《战国策》豫让伏于桥下；又《庄子》微生，与妇人期于梁下，水至，抱梁柱而死，是当为架桥无疑。至砖石起拱之桥，则于古无可考。起拱之制，作桥之外，有施之于门窗者。《尔雅·闱门》郭璞注曰：上圆下方如圭也（此指琬圭）。则圆首之门，周已有之；又北魏云冈石窟，亦有圆首之门，然石窟之门，由琢石而成，闱门虽亦圆首，是否用砖石起拱，亦不能定。惟既知用圆，则起拱之法，亦自有发明之机会，且石窟为供佛之所，

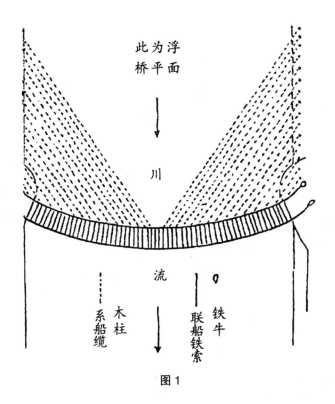

图 1

或印度已有拱门，亦未可知。近年发现之王维山水画图，其中已有拱桥，是非用砖石起拱，必不能胜任矣！同画中之城门，亦为圆首。起拱必用半规，分成角度，按度制材（图2）。门户多用

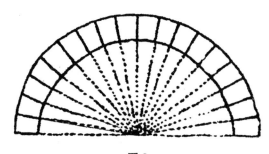

图 2

单材，厚者亦不过双材（前后面各为一层）（图3）。至城门与桥拱，则因其体之厚，非用多层不可（图4、5）。多层者自由单层者进化而来，故城、桥之起拱，必在门户之后。故拱桥之制，不能甚早，不过至迟亦必在唐以前也。

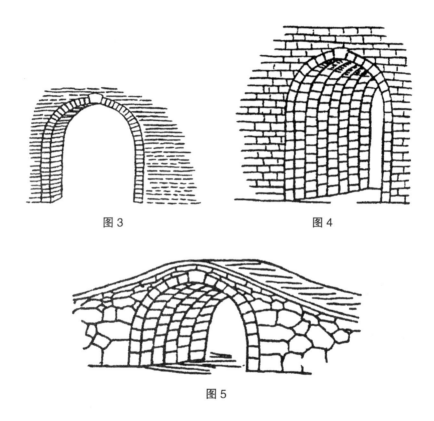

图3

图4

图5

故中国桥之历史，就大者而言之，最初皆为浮桥，其后始有架桥（图6）。起拱之法更在后。浮桥用排水之法，借力于水。架桥则借木石之力以支撑。《说文》：桥，水梁也，从木乔声，乔，高而曲也。桥之为言趫也，矫然也。据此则桥字应专指架桥，梁字则专指浮桥。然古人已自乱其例，今亦不能尽复矣！起

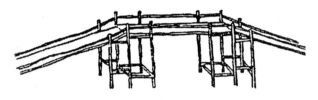

图 6

拱之法，似施之于门窗者，其来已久，而施之于桥者，则应在汉以后。虽唐初已有之，而大川仍用浮桥及架桥，盖分角用材，须有绵密之计划，小者尚易为力，若洪河大川之巨工，则亦须有相当之才气，始能胜其任也。后世桥之巨大而精坚者，在北则往往托之于鲁班，在南则托之于张三丰，更有谓须得水神之保护始能成功者，可见社会中人之重视此等工程矣！

《元和志》曰：河南县天津桥，隋大业元年初造，以铁锁维舟，钩连南北，夹路对起四楼。贞观十四年，更命石工累方石为脚。《旧唐书》曰：都城中桥，岁为洛水冲注，李德昭创意，积石为脚，锐其前以分水势，自是无漂损。据《唐六典》：洛水之桥四，一为浮桥，三为架桥。此言天津桥以铁锁维舟，自属浮桥。而已知累石为脚，又李德昭积石为脚，锐其前以分水势，此则应属架桥。盖能分水之石脚，必在中流，惟架桥有之也。

《旧唐书》曰：铁牛缆桥，在蒲坂夏阳津。明皇诏铸铁牛八头，柱二十四条，连锁三十二条，山架八所，牧人八枚，于中流分立，亭亭有虹霓之状。此甚似今日滇、黔之铁索桥。然蒲津故是浮桥。张说《蒲津赞》曰："结为连锁，镕为伏牛，锁以持航，牛以系缆"，可以为证也。而属乃谓其有虹霓之状者，此虹霓非纵面的，乃平面的。盖浮桥联多舟而成，贯以铁锁，系其两端于两岸，两端不能移动，而中段必随中流而下曲，做长弧形，故亦可拟以为虹霓之状（见上1图）。观于此种设备，可见浮桥工程，在唐时正发达也。

古代之桥今可得而见者，就拱桥言，则北海叠翠桥建于辽，卢沟桥建于金，玉𬒔桥建于元。就中叠翠桥最早，平面微作弧形，自因地势使然，其拱门比较的小（图7），不似卢沟桥（图8）、玉𬒔桥之分配适意。燕山之建都始于辽，其时工程当然幼稚，故不免过于审慎，力求坚固，不知费材既多，且形势亦不美观。今日颐和园中之长桥（图9），及南方石桥之精者（图10），

图 7

图 8

昆明湖桥之大部分
空处与实处相称

图 9

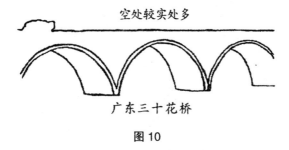

图 10

已无复此等拙致。又涿鹿县鸡鸣山顶，有辽时避风桥，在崇岭危崖之上，雕镂亦精，山顶飞虹，用铜装饰，亦桥之别开生面者也。湖南辰州有地曰明月庵，两峰之间，亦有石桥，距地亦数十丈（图11）。

图 11

中国地势，西方为山岳部。西北土人为西戎，后为氐羌。西南则种族繁多，通名之曰西南夷，其中有名筰者，即因筰桥得名。筰，竹索，筰桥，索桥也。首见《史记·西南夷传》。《华阳国志》曰：万里桥西上曰筰桥。是此种桥之在西南，其来已久。范锴《花笑廎杂笔》曰：绳桥在灌县西二里（图12）。盐源县东

图 12

北有索桥；汶川县西一里有铃绳桥；懋功厅有甲楚索桥、有章谷屯索桥，凡此皆竹索也。又曰打箭炉有铁索桥，此则以铁索为桥也。又曰灌县西六十里有溜筒桥，此则桥索之上，又置筒状之物以渡人也。又昭化亦有索桥，上系木匣，以渡文报，此则但以渡物不渡人也。凡此皆因山高水急之故，始有此制，故不能见于平原。然西南如云南、贵州，亦有铁索桥，云南者在老鸦滩；贵州者在鸭池河、重安江。

《花笑顾杂笔》又曰：崇庆州有塌木桥，俗名挑（蜀人读音如刁）桥，其制下不用立柱，自两岸压木于上，镇以沙石，木上架木，层层递出数尺，将至斗头丈许，则以竹为排架于其上，高约数丈，阔仅数尺。按此即西人工程学中之所谓横臂桥也。今西宁县西扎麻隆地方之木桥，犹属此式（图13）。考《沙州记》曰：

吐谷浑于河上作桥，两岸累石为基陛，节节相承，大木纵横，更相镇压，两边俱来，相去三丈，然后并大材以板横次之云云。与《杂笔》之记者正合，则西北土人，亦早有此制矣！

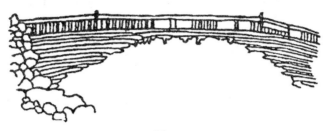

图13

# 第九章 坊（华表、棂星门附）

坊本邑里区画之名。今之牌坊，其原有三：其设于道周或桥头及陵墓前者，由古之华表而来（图1）。华表原名为桓，《说文》：桓，亭邮表也。《汉书注》曰："县所治夹两边各一桓。"其后讹为和表。颜师古曰："即华表也。"华表之设，本为道路标志之用，今日犹然，或亦变为装饰之物，则牌坊也。

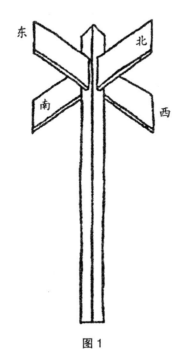

图1

　　其设于公府坛庙大门之外者，由古之乌头门而来。《洛阳伽蓝记》曰"永宁寺北门，不施屋似乌头门"，似此式其来已久。《唐六典》曰："六品以上，仍用乌头大门。"宋李诫《营造法式》中，有乌头门说及图（图2），与今之棂星门甚相似，今世仍有棂星门，又有变为牌坊式者。

图2

　　其用以旌表者，由绰楔之制而来。晋天福时，旌表李自伦所居为义门，敕曰，其量地之宜，高于外门，门安绰楔是也（绰，宽也。《尔雅·释宫》：楔，门两旁木。）（图3）。其所以变而名坊者，度绰楔之设，或在坊门，有时或如郑公通德之制，以美名名其坊。积而久之，遂为此种建筑之名矣！

　　牌与榜同，所以揭示者也，旌表之法，必有词书于片木之上，揭示于众。故牌者，书字之片木也，坊者，支持或装饰此牌之建物也。

　　《周礼·职金·注》曰：揭橥，以木榜地也。则此式由来已

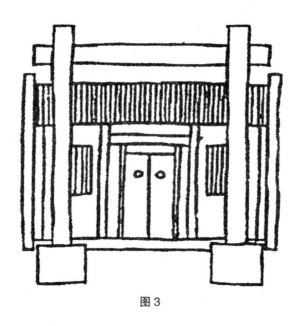

图 3

久，在上之三类中，与华表、绰楔为近。

考华表、乌头门、绰楔之制，皆两柱对立，后世棂星门及今牌坊之单简者，亦用两柱，除棂星门外，无论用于何处，今皆名之曰坊矣。其制则由两柱而进为四柱，亦有用六柱者。汉、唐、宋、元宫苑之中，皆不见有此物。汉宫中有九子坊，应仍是地方区划之名。建物坊之名，初见于明末刘若愚之《酌中志》，其所记者，永乐以来之制作也。画图中最初见者，为唐张萱所绘《虢国夫人游春图》，其中有乌头门，形式较《营造法式》中所载之图为美观。彼日月版在两旁，此则居中，联以云纹，且门楣两重，中嵌华版，故较胜也（图4）。牌坊，则仇十洲《汉宫秋月图》中有之，为今牌坊中通柱之一种（图5）。

就上图观之，由周之揭橥，而变为汉之华表及五代之绰楔，

图 4

图 5

厥后由绰楔而又变为牌坊，即今之节孝坊、乐勋坊等是也（图6）。由华表演变者，今仍有最古式之华表，即今道口之指路牌也。有用作装饰用者，如宫门外及陵墓上之华表是也（图7）。有用作牌坊式者，如北京各大街、各胡同口之牌坊；玉蛛桥、积翠桥等两端之牌坊及陵墓上之牌坊是也。在唐时有乌头门之制，似由对立之两柱之中，加以门扉，置于大门之外，此式变为后世之棂星门，今仍有之，如各坛庙之棂星门是也（图8）。亦有用作牌坊式者，又各公署大门外之辕门牌坊，亦属于此。

牌坊之沿革：揭橥 —— 绰楔 —— 牌坊；华表 —— 华表；乌头门 —— 棂星门

图6

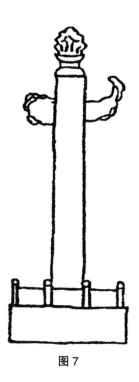

图 7

图 8

# 第十章  门

以上八种，皆形式上之分别，至于所谓门者，则无论何种形式之建筑，皆可有之，似为一部分之名词，非有独立之性质者也。但我国居宅，本由分散之各部分而集成，故除一房一室所有之门外，每一宅院必有总门，此门即为独立者。独立之门，凡有两式：

一为就外垣之一部分，当居宅之前面阙墙而设之者，今曰墙门（图1）。

图1

一为设于屋下，就三间、五间之建物，用其中一间为门，上宇下基，皆无特异之处，但门框门扇及其环境，别有装置，是可以谓之屋门（图2）。

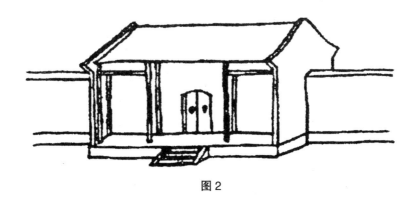

图2

以周制考之，自士大夫以至天子，其居宅前面，皆具有此两式之门，墙门在外，宅门在内。士大夫之墙门，但曰门而已，无他名称。内之宅门，则曰寝门（图3），寝门之制，略如今之屋门，三间之屋，以中一间为门，但其下无基址，而门中有宁，左右两间，皆有基址，与他室等，其名曰塾（图4）。门内再进，即为寝室之庭矣。故士大夫皆二门，诸侯则三门，前为墙

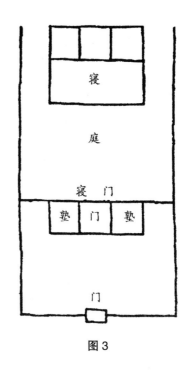

图3

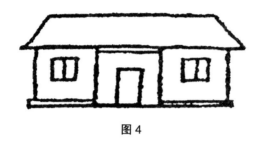

图 4

门两重，一曰库门，二曰雉门，其制则皆台门也，三曰路门。当士大夫之寝门，制度亦略相等（图 5）。天子亦有三门，一曰皋门，为台门之制，二曰应门，为观阙之制，三亦曰路门，与诸侯者同，而较为复杂（图 6）。路门、寝门，皆属屋门一类。库门、雉门、皋门、应门，皆属墙门一类。但其制度，则有台门、观阙之别。台门者，如今之城门，当门处，垣厚如台，而于台上建屋

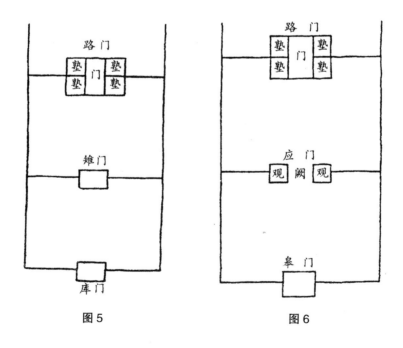

图 5　　　　　　　　　图 6

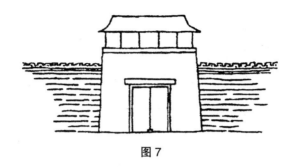

**图7**

（图7）。观阙之制，所谓门者，即为垣之阙处，而于两垣断面，各筑一台，台上有屋，合台与屋，是名曰观，此制惟天子用之；台门，亦惟天子、诸侯得用之。《礼》曰：大夫不台门，诸侯不两观。即指此也。台门者，墙门之发达而近于城门者也。观阙之制，至为殊异（图8），周制如此，秦汉之制如何，已不可考。至隋之承天门，则已显然非此式矣。自此以后，讨论此制，聚讼纷然，直至周祈之《名义考》出，学者始得知观阙之真相，其大略曰：

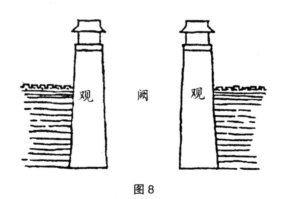

**图8**

古者宫廷为二台于门外，作楼观于上，两观双植，中央阙然为道。

　　以天子之第二重门，当中无门，而阙然为道，乍听之，似难置信。然此不过千余年来耳濡目染皆台门之制，成为习惯，故对中央阙然之说，似觉可怪。实则，古代城亦有阙。诗曰："佻兮达兮，在城阙兮"是也。定公二十五年《公羊传·注》曰："天子周城，诸侯轩城。轩城者，阙南面以受过也。"《说文·亶部》曰："亶，古者城阙其南谓之。"故城之有阙，自古已然。城尚可以有阙，何况天子之居，外有大城之门，内有宫城之门（即皋门），若以为守，则亦固矣。皋门之内，路门之外，当应门处，廓然开朗。九衢平若轨，双阙似云浮，此是何等气象，此正古人建筑上善于配合之处。故观阙之制，正如周氏之说，毫不容疑（明、清午门，即当周应门之地位，自观阙之制失传，历代处此，皆无善制。今之午门，固不能不谓之壮丽。然处于其后之太和门，乃不免感受其压迫，太和门当周之路门，为天子治朝临御之所，而处于午门崇基之下，天子当阳之谓何矣？若当年计划之时，能承用观阙之制，移其伟大之气象于两旁，而让出太和门前片广庭，则无论就太和门言之，就午门言之，皆能充分发挥其奇伟之观，而彼此又不相妨害，较今日之太和门，实不可同日语也）。自周之后，秦汉宫室，多用阙名，然不限于路门之外，皋门之内，其制如何，已不可考。汉更以观阙名其楼，不必尽有阙口；观亦不必有两。如长乐宫之东西两阙，未央宫之苍龙、白虎两阙，皆观阙也。至建章宫之凤阙、别凤阙，及甘泉宫之诸观，则皆一台上有屋之楼耳，盖已非观阙之本意矣！隋营东西两都，唐承用之，东都之应天门，西都之承天门，皆当天子应门，但未用观阙之制（观阙之制，两观相对之中，为大阙口，无垣、无门、亦无楼，承天、应天两门，天子有时临御其上，故知其有楼，有楼则有台有门矣。故隋、唐之阙，实为台门而非观阙），而仍有阙之名称。宋汴都宫室，当应门处，为乾元门。南都因地势迫促，不能南面，故宫室之制皆未备。辽、金、元皆都燕，辽之宣教门、金之通天门、元之崇天门，皆应门也，而其制不传。明之南北两都，皆曰午门，南都者虽已被毁，基址犹存；北都者即今午门，其制于城门之外，添置两观（图9），已无阙意，而仍用阙之名，此观阙制之沿革大略也。台门之制，今日除城门之外，惟佛寺间用之，旧画中之寺门，多为台门。今热河布达拉庙之大门，即台门也。古者诸侯用台门，清虽王府亦仅用戟门，盖诸侯台门之制，已随封建制度而消灭矣！朝门之制，与屋门同，其特异之处，在三间通连之室，中间为门，而于左右两间之后墙，各列戟一架，其戟之对数，因等级而定。此制，公署坛庙亦适用之（图10）。

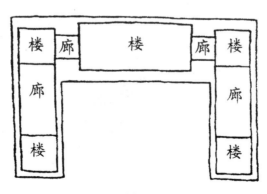

图9

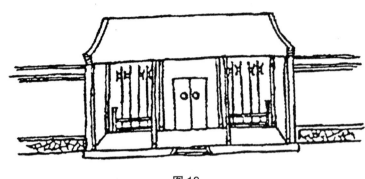

图 10

　　总上文言之，独立之门，分墙门、屋门两式。观阙台门以下，至寻常人家之大门、衡门（《诗义问》曰：门上无屋，谓之衡门。按此屋谓屋顶，非指全屋）、篱门，皆属于墙门一方面。古之寝门、路门，今之太和门、乾清门等，及署府、坛庙之戟门，以及寻常人家与门房、客厅相连之门道，皆属于屋门一方面。篱门多在郊野，今《芥子园画谱》中具有数式，钱杜《松壶画忆》谓尝与朱野云，于古画中搜集屋宇、舟车诸式，仅篱门一项，已得七十余种云，惜其稿不传矣（图11）。

图 11

考观阙之制，中央阙口，自由古代城阙之旧习而来。而两台双植于门外，则古代埃及即有此式，今世所存埃及古代大庙，尚有存此式者。埃及观阙之图，见英人李提摩太《万国通史初编》（图12）。

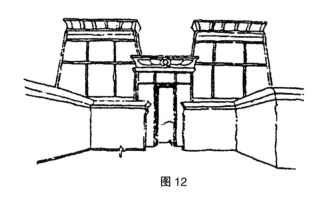

图 12

门之分类如下：

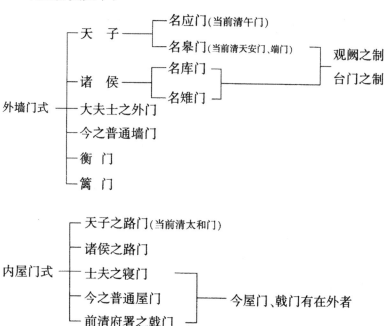

第二编（下）

　　西人建筑学，就用途而分类，如庙宇、宫室、府署、民居等，因其各有其特殊之结构也。中国建筑，就实用上言，如特殊之结构，不外三间五间、一正两厢组合而成，故不能用西人之法，在用途上分类，而由形式上分类。形式上之沿革，上编言之详矣。然就使用言，彼此之间，虽无显著之区别，而要各有其发达之历史。故此编承形式沿革之后，更就实用上，分为城市、宫室、明堂、园林、庙寺观等若干类。而考求其沿革，每一类中，仍以平屋为最多数，而台楼以下各式建筑物，亦间用之。盖欧人营造，无论所需多少，皆集合而成一体。我国习惯，则各个独立，散布于一平面之上。论其局势之紧凑，结构之雄奇，自不若彼式之动人，然曲折高下，映照有情，亦彼人之所未有也。故较大之居处，在每一范围内，实含有各种形式，非单纯之一所也。

# 第一章　城　市

　　世界所谓建筑，皆就一切建筑物而言。然论中国建筑，则有时须合城市论之。盖中国历史上，常有一壮大之营造，即首都之建立是也。中国古代，有选定一片空地创建首都之事。最初为周代之东都，其次为隋代之东、西两都，其三为元代之大都，其四为明成祖之北京。此五都者，皆选定区域合城市、宫室作大规模之计划，而卒依其计划而实现者也。周都原为镐京，在今陕西省西安之西。至周公相成王时，始于洛水之阳，营洛邑为东都，以朝诸侯。东都合两城而成，西曰王城，东曰成周，相距四十里。隋大业元年（605年），于两城之间建新都。唐承之，号东都。唐之西京，则隋开皇元年（581年）所建，在旧汉西京之东南，其初亦号新都，至唐始号西京。幽燕定都始于辽，即就唐幽州旧城扩充，金承之，至元世祖，始于金都东北，依三海，建大都。明取大都后，毁其宫室，至成祖时，始建北京。其时元宫已尽，一切照南京规制重建，城廓东西稍缩，南北则移南里许，中心点亦稍移而东，即今鼓楼与旧鼓楼大街之距离也。故明之北京，虽就元大都故地，而城廓宫室，则完全新创，即全城街道，亦完全由公家规定，故北京大道之整齐，在全国中可谓无两。世界艳称我国万里长城，其实创立新都，如能如今日北京之所示者，其魄力亦自不弱。故我国建筑界中，如周公、秦始皇、隋文帝、炀帝，及元世祖、明成祖六人者，皆可谓之人杰也已。

都城之规制，周之东都已较完备，如图1。其制，外为王城，作正方形，方各九里，每方三门，城内经途、纬途各九，途广今七丈二尺，城之正中为王宫，亦正方形，方各三里，南垣正中为皋门，前为三朝，中为内朝，后为三市，是为周制秦都咸阳，在今西安西北，其制如何，已不可考。汉都长安，即今西安，其地本秦离宫，高帝七年（前200年），始修宫城，惠帝六年（前189年），始筑大城，周六十五里，南为南斗形，北为北斗形，六十二门，皆有通道，以相经纬。宫城在大城之中，宫之大者为

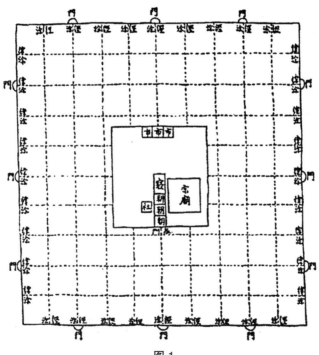

图1

长乐、未央，各为一局，无集中之势。各宫之中，有为通道所隔断者（图2）。唐之西京，亦在长安，然非汉京故地，在其东南十三里。隋开皇二年（582年），就龙首原经营，始名新都。唐承用之，改名西京，其制，宫城在北，皇帝所居，南为皇城，百司所在。两城共为一区，东西四里，南北共六里，外廓城包此区东西南三面，民居在焉，东西十八里半，南北十五里（唐制六十步为一里），内有东市、西市。宫城外廓，城之北面，全为禁苑，东西二十七里，南北二十三里，包旧汉长安全城于禁苑西部（图3）。东都为隋炀帝所经营，宫城、皇城与长安同，西为禁苑，包周之王城于其中，东与南为外廓城，隋时亦名新都，唐改东京（图4）。唐代本居西京，中惟武后居东京，旋还西京。天祐元年（904年），朱全忠迁昭宗于东京，尽毁西京建筑，自城廓宫室，

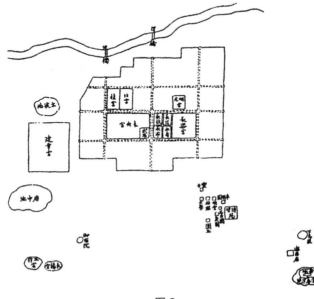

图2

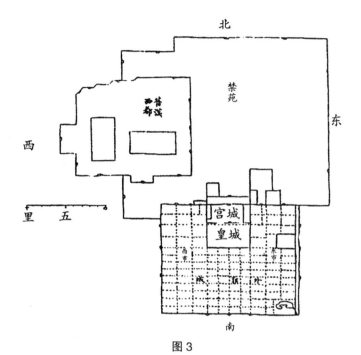

图 3

图 4

以至公署民居，无幸免者，甚至颓垣剩基，亦皆铲尽，此真古今未有之浩劫也。宋都汴梁城，周二十里一百五十五步，宫城在城西北隅。后广新城，周五十里一百六十五步（图5）。辽取幽州建南京居之，大内在西南隅。金时号为中都，广城西南两面，于是大内原偏西南者，此时遂位于城之中央，而仍广其南部，使近南垣。元更于金京东北郊外建新城，号曰大都。宫城南面，直接城之南门，而当东西之中，其城之南垣，当今之东、西长安街地。明取大都，尽毁元之宫室。至成祖复建北京，又毁元时城垣，仅留民居。至此，元之建筑，扫地尽矣。北京宫室，就元故墟，而因其西面逼近三海，乃稍移而东。于是前之正阳门，后之

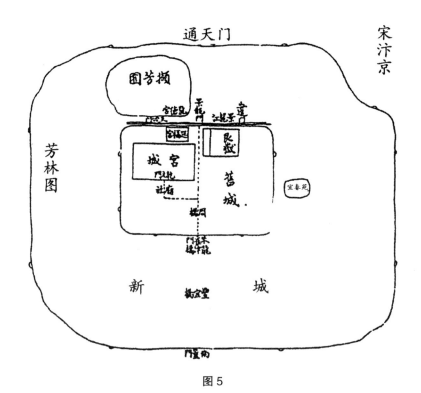

图5

鼓楼、钟楼，亦相随而东，然崇文、宣武两门，因民居之关系，东西两大道不能东移，遂仍其旧。故今正阳门距崇文门较近，距宣武门较远也。东西两垣亦内移，南垣移南里许，北垣移南三里许。元时，东西本各三门，因北垣内移，故东北、西北两门皆废。今之东直、西直，元时东西两中门也。规制，则宫城居中，名曰紫禁，其外围以皇城，皇城内皆禁地，除宫室外，仅有内官各署，外廷官署，则散布大城各处。清人入关，都于北京，一切仍明之旧，惟开放皇城，以居满人之亲近者。于是三海西北面，始建宫墙（辽、金、元、明都城，合图见6）。

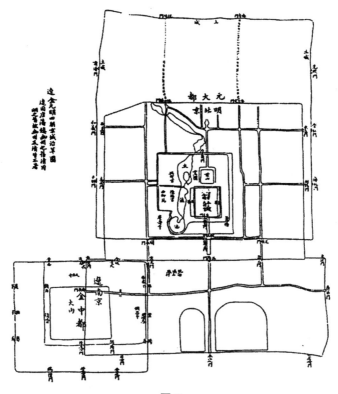

图6

合周与汉、唐、宋及辽、金、元、明而论之，周制宫城居大城之中央；汉则与民居相杂，漫无限制；隋、唐则宫城之南又加皇城，而偏在大城之北；来则偏于西北；辽则偏于西南；金始正位于中央，而稍偏于南；元之大都亦然，而皆无皇城之明文；明则渐近于中央，而又于四周围以皇城。盖合周、隋两代之制而参用之矣。

金中都遗址，旧无人能确指其处，仅借燕角楼一名，知其东北隅，借今之天宁、法源两寺，知其东面、北面耳。其实今外城西南隅之外，郊野之间，有土垒两段，一自北面南，一自西而东，若断若连，有七八里。《日下旧闻考》载之，而不能定为何物，其形式与城北元城遗垒无异。民国四年（1915 年），内务部职方司所定京师四郊地图，其中有此符号，若就其方向引出直线，两者相遇，恰成直角。若假定为一城之西南垣，再由天宁寺北，画一东西直线，由法源寺东画南北直线，而交角于旧传燕角楼所在之处，则东、北两面亦成立矣。再西延、南延而与土垒之线相遇，则金都遗址赫然在目矣。京都既得，则辽京亦可以推想而知之矣。

上所考，皆属历代之都城。至国内新旧各城镇，将近二千，各有其沿革之历史，载在各地方志乘，形式亦至不一。然南部、北部，因其地势之夷险不同，北部平原城，多为正方形，正向四方；南部则因丘陵之回互，与水流之方向，多就形势为之，常为不规则形；山岳之部，更有跨山越谷，致全城形成斜面者。而无论南北，又有一共同之点，则城中大率有十字街，为各门通道之交点。旧日交点处，常有钟、鼓楼之建设，屡经兵燹，此建物之存者亦稀矣，而钟、鼓楼之留其地名者，尚不少焉。姑举南、北两城以为例（图7、8）。

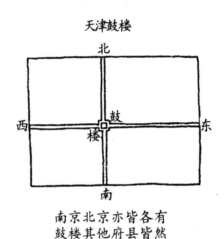

图 7

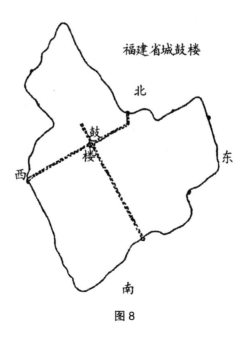

图 8

　　城垣之材，南方多用石，北方多用土，其重要者多用砖。然今日北京城垣，虽全用砖，而在元代则尚用土，故元时城外四周，皆留苇塘，秋后刈取苇藘，编为帘薄，以备冬时覆城，盖防雪冰之毁坏也。史称赫连勃勃，蒸土以筑安定城，虽利锥不能入。李克用筑蔚州城，坚逾于石，今尚巍然如故，则虽用土，亦未尝无坚城也。筑城之土，多就城外取之，即省远运，又可留作池隍，故城愈高，则池愈深。故有城即有池，于是城池相连为一名词。不过日久则池废不修，多数填为平地矣。

　　城中市道，其整理之情形，有见于汉人词赋中者。《西京赋》曰："廛里端直，甍宇齐平。"此即西人市政论中所谓屋基线也，此就檐宇亦求齐平，可见古人对于建筑之程度。或有疑其夸大不实者，不知此种政令，在专制君主之下，甚易达到目的，不然，何以整个的新北京，能在明初实现耶？

# 第二章　宫　室

　　宫室之制度，亦至周而备。其制南为三朝，中为寝，左庙右社，西北为囿，后为三市（撷其要言之，曰前朝后市，左庙右社）。城内四方四隅，城垣之下，皆宿卫也。再详陈之，宫城正南即皋门，内为外朝。再进即应门（观阙之制），内为治朝，亦曰中廷。再进为路门，内为燕朝。再进即路寝，天子之正室也，后为燕寝，燕寝左右为侧室。其后为内宫之朝，内朝之北，为后之正寝，又后为后小寝（图1）。外朝以接民庶，治朝以会百官，燕朝以治庶事，内宫之朝属于后，故在后寝之前。中国凡朝皆在空地，故后人谓之朝廷，廷即室前门内之空地也。周都之制，至秦而亡。汉初承焚书坑儒之后，于前代制度，无可稽考。故汉廷规制，一切草创，宣帝所谓汉家自有制度是也。至隋以后，始渐取法于周。至明营两都，而规仿尤备，但其名称多歧异耳。今以北京宫室与周京之制对照，今之紫禁城，当周之应门以内，以至后之小寝，午门即周之应门，故皆具观阙之式。太和门即周之路门，皆宅门式也。左之昭德，右之贞度，当周之东、西闱门。太和三殿，当周之路寝。乾清宫，当周之燕寝。坤宁宫，当周之后正寝及小寝。东、西十二宫，当周之侧室，此大内也。皇城之天安门，即周之皋门，六内宗庙在左，

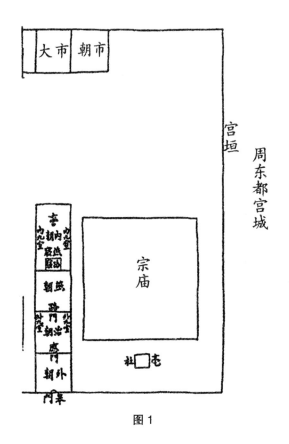

图 1

社稷在右，亦与周同。坤宁宫后之御花园，即周之囿也。地安门外之市，即周之三市也（明皇城内部分，见后图 12）。所不同者，周之燕朝在路寝前，明、清燕朝在当路寝之太和三殿后，即乾清门也（明、清御门皆在乾清门）。周之路朝在路门前，明、清治朝在当路门之太和门内。周之外朝在应门外，明、清接近民众，则在当皋门之天安门外。盖天子曰尊，则与臣民之相距亦日远，故建筑亦随之而繁杂也。

汉高祖起于匹夫，其都长安也，因秦之离宫而建长乐宫。七年，更建未央宫，始具皇居之规模。未央宫四面为公车司马门，东、西、北三门，有阙之名，而南面无之。由南公车司马门，北进为端门，再进即前殿宣室，是为正朝，左有温室等殿、天禄等阁，右有清凉、玉堂等殿，后宫为椒房十四位，其外左右为掖庭，盖略具形式者也（图2）。日久则宫人渐多（前代所遗，及时主新添者），非旧日宫室所能容，遂有长信宫、明光宫、北宫等之建置。原来之长乐、未央两宫，因四面皆为通道，已相隔绝，两宫范围以内，又无余地可以扩充，故明光、北宫等，亦与两宫不相属，驯致城中亦无余地，乃逾城而营建章（图3），此则近于园囿性质矣，此汉制之大略也。后世宫室固多取法于周，而其中沿用汉制者亦复不少。以明、清之乾清宫、养心殿，所以接见臣僚者，亦如汉之宣室；坤宁宫后之正位，亦如汉之椒房殿（但椒房非正位，不如坤宁郑重）。承乾、翊坤十二宫，所以居嫔妃者，亦如汉之昭阳十四位，乾东、乾西五所宫人之所居，亦

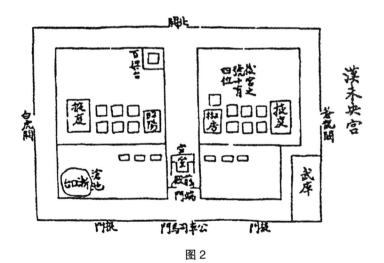

图2

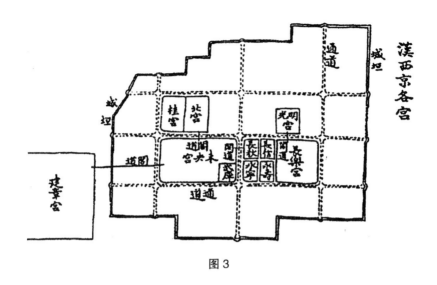

图3

如汉之掖庭。宁寿宫、慈宁宫等，为皇太后所居者，亦如汉之长乐宫。明之仁寿等殿，清之寿康、寿安等宫，所以居三朝后、妃者，亦如汉之长信、长秋、桂宫、寿宫、北宫等也。但明、清宫室，全由新创，先有计划，后始营作，故能宾主分明，秩然有叙，故如乾清、坤宁之正位中央也（帝、后）；承乾、翊坤十二宫之分列左右也（妃、嫔），东西五所之位于十二宫后也（宫人）；而宁寿、慈宁在前（太上皇、皇太后），寿康等宫在后（先朝妃嫔），亦皆权其轻重，铢两悉称。

明、清之制，新天子即位，与后居乾清、坤宁，原居坤宁之皇太后，先时移居慈宁宫，原居十二宫之先朝妃嫔，先时移居寿康等宫，以避新天子之后妃，不如是者或不免发生龃龉，此明季之移宫案之所由来也。李选侍本先朝妃嫔，其时尚居乾清宫，故杨左诸人出死力以争之，后卒迁之翊鸾宫（在东六宫之东，今已并入宁寿宫矣），其事始毕。

汉初者无所师承，故不能有预定之计划，先修长乐宫，后建未央，其后又经营建章，临时增置，皆枝节而为之，以故离披分散，无众星拱北之势，此无成奠者之所以不及有规划者也（明、清宫图见后）。

隋、唐两京，皆为新制，更于宫城之外，创设皇城，以聚百司，此为周制之所无。西京宫城，正中南门，曰承天门，是为外朝，大朝会御之。门内经嘉德、太极两门而至太极殿，是为中朝，朔望视朝之所。后为朱明门，内为两仪殿，是为内朝，常日听政之所。内朝当周之燕朝，中朝当周之治朝也（图4）。其后又于东北营大明宫，中为丹凤门，内为龙尾道，斜上三丈，始至朝堂。上为含元殿，为外朝，后为宣政殿，常朝

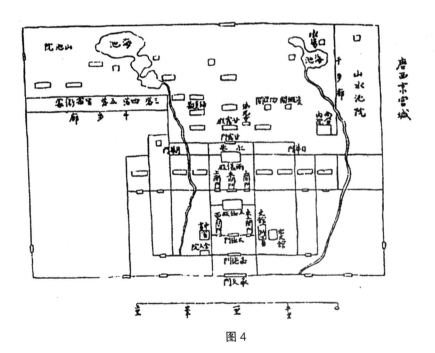

图4

之所，后为紫宸殿，便殿也，三殿皆在山顶，此外宫殿，不可
胜计（图5）。其后，天子常居大明宫，反谓宫城为西内。东
京宫城南门为应天门，内为含元殿，殿西为宣政殿，后为紫宸
殿。三殿之名，与西京大明宫者同。隋时炀帝居东京，唐则武
后居之（图6）。

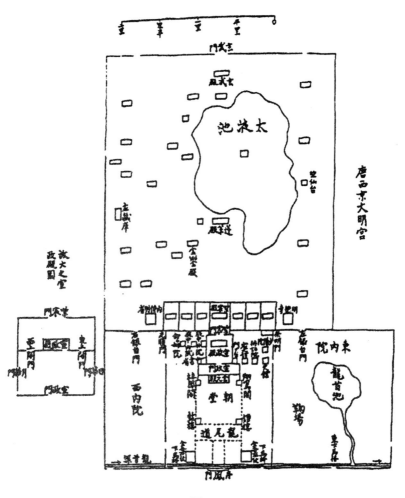

图 5

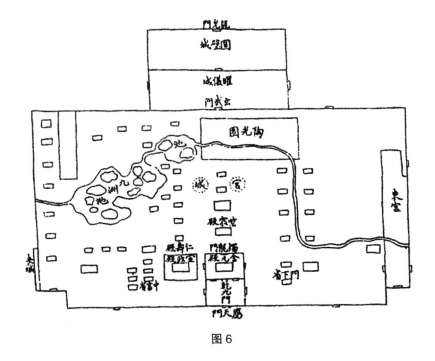

图 6

　　宋都汴梁，宫城本周旧内，建隆三年，广东北隅，命有司画洛阳宫殿之制，按图修之。南为乾元门，以文德殿为外朝，垂拱殿为内朝。文德当唐洛阳之含元，垂拱则宣政也。洛阳含元在中，宣政偏西，故文德在中，而垂拱亦偏于西。后宫多在垂拱殿后，故亦偏西。宋不用皇城之制，而宫城内亦有官署，然皆在东（图7）。

　　辽大内之南门曰宣教门，金大内因辽旧址，而广其南部，南门曰通天门。宫廷则仿宋汴京制度，然其仿效之痕迹，今亦无考矣。而可知者，正中曰大安殿，后曰皇帝正位，再后曰后位。此似周之燕寝、后寝。东为内省，西曰十六位，此则似宋之官署在东后宫在西也（图8、9）。

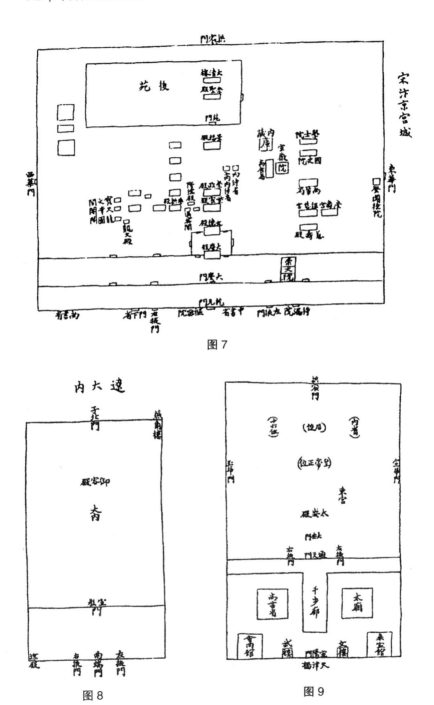

图 7

图 8

图 9

元创大都，宫室在太液池东西岸，而以东岸者为正位，适当大城之正中，名曰宫城，即今之紫禁城地。南曰崇天门，宫殿大者，曰大明宫、曰延春阁；北门曰厚载门，再后曰灵囿，即今之景山。在西岸之大者，南为光天殿，后曰兴圣宫，北曰延华阁，妃嫔院在焉。合宫城、灵囿、太液及西岸诸宫殿，绕以萧墙，周二十余里，即今皇城城垣旧址（图10）。此建筑至明初全毁。

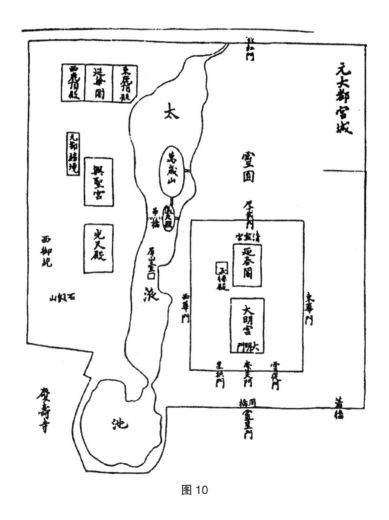

图 10

明初取元大都，毁皇帝宫室，改建燕王府。至成祖永乐十五年（1417年），始诏重建京师。因旧宫西面逼近三海，乃稍移而东，宫城制度及宫殿位置，一切以南都者为法（中华书局所印南京图，其中有明故宫图，可以参看）。南为午门，北曰玄武，东曰东华，西曰西华。午门内为皇极门，内为皇极、中极、建极三殿，后为乾清门，内为乾清宫、交泰殿、坤宁宫，再后为坤宁门、为琼苑，即至玄武门。乾清、坤宁，帝、后之居，其东为东六宫，西为西六宫，妃嫔及皇子女居之，皇子既冠，则出居慈庆宫。东六宫之东，为仁寿三宫，先朝妃嫔居之。乾清门之西，为慈宁宫，太后居之。朝清门之东，为奉先等殿，所谓内太庙也，殿前为慈庆宫，皇太子既长，及皇太子既冠者，皆出居此。慈庆宫之前，东即东华门，入门北行不远，即至慈庆宫之徽音门，太子居此，因其距东华门甚远，故有张差梃击之事。文华殿在皇极门之东，武英殿在门西，其余不及备载。此宫城也，名紫禁城，环紫禁城之四面者为皇城，南为承天门，东为东安，西为西安，北为北安。承天门内为端门，再内即紫禁城南门之午门。端门之东为宗庙，西为社稷，即周制之左庙右社也。宗庙之东，有重华门及南内等。武宗自北狩猎还，居于南内，其复辟也，自东华门入，至皇极门即位，所谓夺门之役也。皇城西半，包太液池于其中，池西有万寿宫等。万寿山在皇城之北（即今景山），后即北安门。皇城，唐制也，唐皇城内百司所在；明皇城内有宫殿，有园囿，有内官各署，如司礼监等，而无外廷各署，盖完全禁地也（图11、12）。清承明之遗址，紫禁城之内，除改皇极门及三殿为太和、中和、保和外，余皆仍旧。皇城之内，则开放东、西、北三面，为满族亲

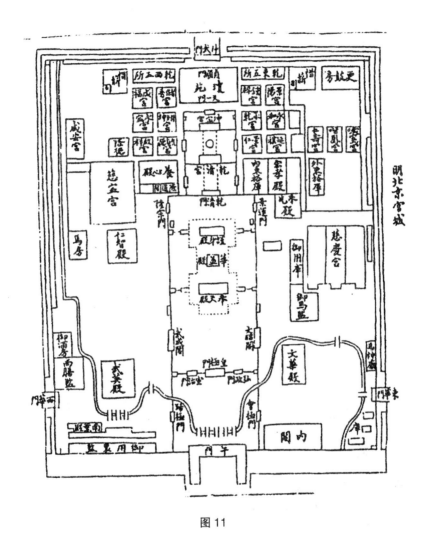

图 11

信之所居，因之多有因革损益之处。承天门亦改为天安门，门内仍为禁地（宗庙、社稷），此自周以来，历代宫室沿革之大略也。

中国建筑在世界上特殊之处，即为中干之严立与左右之对称也。然此种精神亦似自周而始定，在周之前，国家建筑，似皆有四向之制。《书》曰："宾于四门。"又曰："辟四门，明四目，达

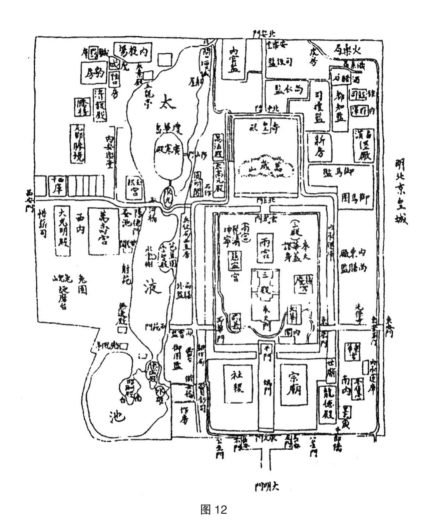

图 12

四聪。"由此征之于建筑，则明堂其代表也（图13）。明堂在唐虞之时，虽无明文，然夏已有之，名曰世室，殷名重屋，其中构造虽有不同，而其为四向之制，则无以异。故明堂为等边之建物，四方皆为正向。近人王静安，因推论明堂，更创宗庙、路寝，皆为四向之说。窃谓王说诚属有见，但为周以前制，不过至

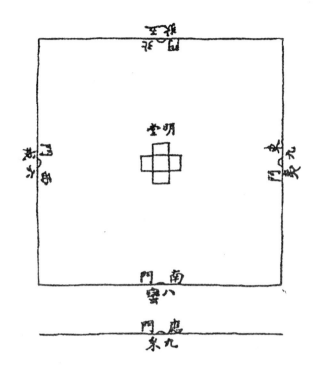

图13

周之初，尚有残留者，明堂即残留之一物。故周虽号称有明堂，而在可信之古书中，求其关系之事实，甚不易得，盖实际需用甚少矣。窃谓周初四向之屋，仅有明堂，其他若路寝、宗庙，皆变为中枢严立，左右相称之式，其所以有是变革者，当为执政者种族不同之故。周制至今可考者甚多，就建筑言，除明堂外，其他宫室，皆为坐北向南中分左右之式，及以其他事物求之亦皆与此式相合。仅在游观之建物中，如台也、楼也、阁也、亭也，至今尚有为等边形者，然皆与典制无关，不能如此式之定为典章，成为风气，弥漫于神州区域，历三千余年，至今犹未改也。宫室本身既为此式，故周公经营洛邑，规划全局，亦以此式为主干，而间用参差之式以为枝叶。故王城四方，方各三门，门当三途，宫城在四方之中，从中划一直线，前为三朝，中为帝、后之寝，后为三市。又当宫城东西之中，而寝又居此线之中，故王城居天下之中，宫城居王城之中，寝又居宫城之中，故王居者，天下之至中也（第二编〈下〉第一章图1）。中枢既定，左右皆有相等之地，可以适用，此周制之精神，所以形成后世左右相等之形式也。城内为民居，不能不四方有门。宫城则仅有南面之皋门，以周回十二里之城，仅有一门，不便孰甚，然正以见专制之精神，亦可证东都路寝，必非四向之制，盖四向之制，所以照明四方也，此虞书所以有明四达四之说。若三方皆有雍蔽，则又何取于四向，故周明堂在城处，亦正见其处之之意。而王居则正己南面，以定一尊，左右回拱，务取严整之势，此中分左右制之所经深入人心也。秦一切制度，务自用而反古，又焚书以绝后人之仿效。汉承秦敝，故亦自我作古，无所师承，然其在一部分之内，仍属左右对称，惟合全体而观之，则各自分立，无所统摄耳。然因自汉以后，经学大兴，隋之经营宫室，已受周制之影响，及宋、辽、金皆然。惟元人新都夹太液池而经营，虽言以在东岸者正位，实际上仍居于西岸，两相对抗，无主从之分，其失盖与汉相等。至明人乃一反其所为，合周、隋之制而斟酌损益之，遂以有今日燕京之盛，盖历来之所未睹也。近人谓中国文化，至明、清两代，皆告一结束，吾谓建筑亦然。

# 第三章　明　堂

　　明堂之制，古今聚讼，在周以前，似实有此政治中心之建物，其制四方，每方皆为正面，从来皆无异议。惟堂室左右个之制，各执一说，各自为图，至七八种。近人王静安亦有一图，根据从来各图，加以修正，承诸家之后，盖无论何人为之，皆应如是。但王图较之历来各图，虽似稍完，而其中最难解决之问题，依然混沌。其中关于太室之问题及太室之廷之问题各一，今先观王图（图1、2、3）。太室在中，四方有四室八房绕之，直无进

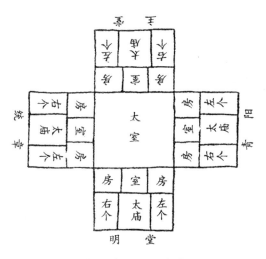

王国维明堂图见观堂集林三

图1

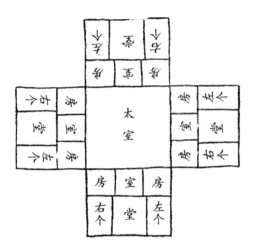

王静安宗庙图见观堂集林三

图2

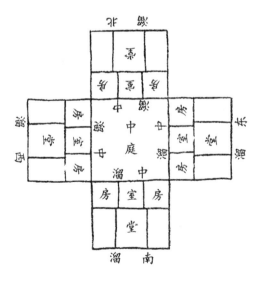

王静安大寝图见观堂集林三

图3

入太室之路，此其一。太室有廷，据说，太室为圆形之屋，其檐尚可覆及四面之屋，然则此廷置于何处？此其二（古所谓廷，皆指堂前空地，太室地面虽宽，然其檐可覆及四屋，在此檐宇之下，即不能谓之廷矣。若太室仅占一方一隅之地，则又不能成局势）。王船山曰："明堂之构造，令梓人无从下手。"窃谓天下无不可作之工程，但需有一定计划耳，假令今日有此工程，谁也恰负计划之责，则首应解决者，即为此两问题，既需合于古制，又需能推行之而无窒碍，今为之计划，如（图4）。天子月居一堂或个，此但指宴居时言也。若按见臣僚，或觐见诸侯，则不能仍在宴居之处，而专在太室之内。明堂有堂无室，其当室之一间，用为进入太室之通路。太室即专属明堂一方面，所谓明堂太室

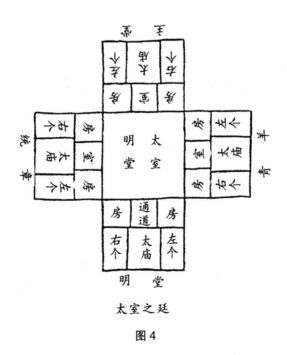

太室之廷

图4

也，以此解决太室问题。而太室之廷。即明堂南之廷，以此解决太室之廷之问题。此于古说皆可通，而于应用上亦全无窒碍。

所谓明堂之外，大寝太庙，亦皆四向（上图 2、3），如王静安之说，当为周以前制。周以前主宰中国者，为北方原为游牧部落的民族，所居行帐，多为圆形。由圆形而变为方形，自易成等边式，故在古书上有此痕迹。至周以后，则已变为相对式，观于周代之宫室及士寝之图（见前平屋及宫室），可以知之。王氏谓路寝、太庙皆为四向，其最要之原因，一为明堂，二为东、西、北三堂之位置。此三堂者，如历来诸说之勉附于庙寝三方，实属过于牵强（图 5）。然除去四向办法，亦尚有他法解释，余意不如将三堂移于寝庙之后，较为妥适（图 6）。此即今日乾清宫后坤宁宫，合东西配殿所成之局，及民间厅堂后之一院，亦即三合

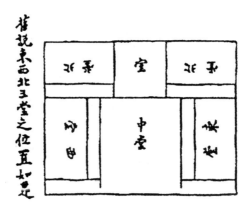

图 5

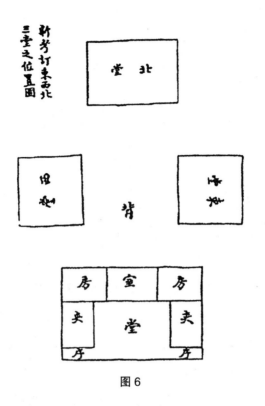

**图6**

房、四合房之由来。不然令之此种形式，又由何式变来耶？如果周时路寝太庙尚为四向，则民间不应完全不受影响。若由此式衍成风气，恐今日中国居宅，非相对式，而为欧洲集合之式矣。

《诗》"焉得谖草，言树之背？"注，"背"，北堂。窃谓此处恐有落字，应作北堂之前，盖若上图之北堂，其前，即正寝后墙之后也，谓此为背，于义正合，且即今人莳花木之处（今南方尚呼宅后为屋背）。

# 第四章　苑囿园林

　　人类建筑，有两目的：其一为生活所必需；其二为娱乐所主动。就我国历史言，其因形式而分类者，如平屋，乃生活所必需也；如台、楼、阁、亭等，乃娱乐之设备也。其因用途而分类者，如城市、宫室等，乃生活所必需也；如苑囿园林，乃娱乐之设备也。苑囿为养禽兽之区，园林可供起居之用，要之皆属于娱乐性质。今世界各国有所谓公园者，乃由于地方政治所设备，以供一般人士之用，我国则无此种建筑。其所谓苑囿园林者，上则属于皇室之产业，下亦为私人之所有。而因其性质形态之不同，园林中又有庭园、别墅之种种名词。今则但就其规模之完备者，分析论之，有如下文所列馆舍、山水、崖石等。

　　苑囿为养禽兽之区，园林为宴乐之地，宴乐之地，必有馆舍，其布置与宫室不同，宫室务严正，园林务萧散。故园林之为，连屋较少，而独立之建物较多，相互之间，需大小相间，参差不齐，而地面务求其有余。昔人所谓三分水二分竹一分屋，此可为布置园林之原则。但水、竹二字，皆属偏举，丘陵平原，与水并重，林木花卉，亦不过以竹为代表耳。周文王灵囿之外，有灵台、灵沼，可见园林之需水，自古已然。其时游乐之处，见之传记者，惟台最多。秦之阿房宫，后人谓其五步一楼，十步一阁，恐出于揣测之词，非秦代事实。汉宫所有者，为台、楼、观、阙，楼、观、阙三者，一式而异其名，皆台上有屋之建筑也。然神明台上亦有屋，而仍袭台名。可见建筑上名词之混用。亦自古已然也。阁名仅一见，其余宫殿堂馆，皆总名或平屋也。隋、唐两京，楼台之外，名阁、名亭者渐多，名观者偶有之，然此时之观，已为道士祈神之处。唐祖老聃，尊之曰玄元皇帝，此或亦道教之词，名阙者绝无。其可居处者，多名曰院。宋以下至于明、清，皆不能出此范围。

自周以来，池沼在园林中占重要部分。周有灵沼；汉未央宫有沧池，中有渐台；建章宫北有太液池，宽十顷，南有唐中池，周回二十里；上林苑有昆明池，周回四十里；甘泉宫亦有昆明池，其他小者尚多。唐西京宫城，东北、西北两隅，皆有海池。大明宫有太液池，中有太液亭；东内苑有龙首池；大安宫内亦有瑶池；龙池在兴庆宫。东都则宫城内，有九洲池，中有九洲；又东复有一池，中有两洲。东都苑中，则有龙鳞渠、凝碧池，池在隋时为海。宋之汴都，延福宫中，有海、有湖，金明池在城外西南。北京三海，辽、金时名西华潭，又有鱼藻池，即今金鱼池地，当时与潭并称胜地，元始改潭为太液池，元之创新都也，几以太液池为中心矣。至清，乃于西山下又作昆明湖。

有水必有山，自汉太液池中，有蓬莱、方壶、瀛洲三山。隋炀帝于东都苑海中，仿武帝为之。其后北京之琼岛，至辽而显，其时名之曰瑶屿，金名琼华岛，至清始称琼岛。其南部又有南台，即今之瀛台也。此皆水中之山也，陆地之山，汉亦有之。《汉宫典识》曰，"宫内苑聚土为山，十里九坂"是也。《汉记》

曰，"梁冀聚土筑山，以象二崤"。《西京杂记》"茂陵富人袁广汉，于北邙山下筑园，构石为山，高十余丈，连延数里"。是汉时，贵族民间，亦有此制。造山之技，至唐尤胜。《剧谈录》曰"李德裕平泉庄中有虚槛，前引泉水，萦回疏凿，像巴峡、洞庭十二峰九派，迄于海门江山景物之状"。达官园林，尚能如是，两京禁苑，更可知矣。至来艮狱，更以石胜。在北京者为景山，创于元初，原名万岁山，崇祯七年（1634年）实测，高一十四丈七尺。

余初游三海，即讶其建筑物之过多，而亭馆之位置，又往往非其地。后考之《酌中志》，始知明初经营，原有心思，虽在后世，已有增置，然规模犹未尽变。经有清三百年间，随意填补，天然风景，遂全为金碧所埋没矣。即以南海瀛台考之，在明只有一殿，今则自山之北麓，跨过山顶，直至南麓，皆殿阁也。瀛台之北至中海南岸，本为一片农田，用乡村风味，点缀繁华。在西仅有无逸殿、豳风亭，中有涵碧亭，以收中、北两海远景。东仅有乐成殿，又东，则于闸口之内置水碓，亦农家器具也。今则雕墙朱户，横亘东西，石角墙下，竞列亭馆，直至石闸之上，亦作小屋三椽，真可谓规方漆素，暴殄天物者矣。盖石闸亦建筑物也，正可就其形式，加以艺术，配置竹石，使成一种特殊风景。不知从此处利用，但一味以屋宇充数，似乎舍屋宇之外，即无美丽之可言者，此正以见廷宫中人，皆无美术思想者也（图1）。此种情形，不特清代，即由明代以上溯汉、唐，想亦不能无此习惯。盖专制君主，限居于一定域区，地面虽广，宫室虽多，重而习之，久亦生厌，常思另辟境界，以新耳目；而近侍诸人，又莫

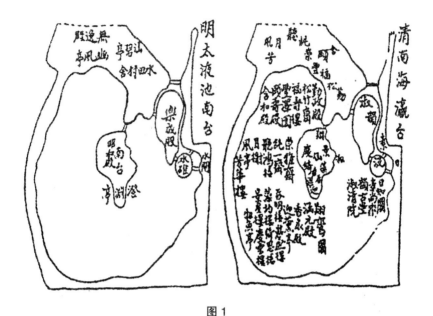

图 1

不利用营作，以便侵渔；所用工匠，又仅有单简经验，无思想之可言。故无论何代之兴，百年之后，考其宫室，莫不有土木胜人之慨。明初大内，除中干（前三殿，后两宫，及东西十二宫等）之外，东西两旁，空地甚多。而明又自皇城以内，皆为禁地，太液池以西，至西安门，殿阁绵延，皆属寻常游幸区域，故二百年间，虽屡有兴作，亦未能遽行塞满。至清人乃开放皇城，居其种人，于是天子自由区域，削其大半，兴作欲望，仅能在紫禁城及三海之内，求得满足，故至康熙中叶，已觉增无可增，故西山下离宫，应时而起。康熙有畅春园、清华园，雍正及乾隆为圆明园。此三帝王者，皆富有思想，而能别辟新境界者也。此三新辟世界，今皆毁废，就中畅春、清华两园，吾知其必富有艺术风味，盖康熙、雍正，皆具有相当学识，由其时代之器物，即可想见。所创园林，又皆身后不久而废，未经后人增减，原来布置之精神具在，故知其必非凡品也。自汉武帝于太液池置蓬莱三山，而隋炀帝效之。又于昆明池习水战，而乾隆又效之。昆明湖在今颐和园，原名西海，因用之以习水战，故改名曰昆明。乾隆水操之事，时作时辍。因其原来有此名目，故孝钦得假兴建海军名义，设海军捐，筹集巨款，以作修复颐和园之用，其役始于光绪十三年（1887 年），并曾于其处建武备学堂，造就海军人才，以掩国人耳目。迨十六年（1890 年）工毕，即悍然不复顾忌，所谓水操，亦遂消灭矣，武备学堂则移天津。假国家大计以遂其侈心，吾以为不独孝钦也，即乾隆时之水操，亦不过此种伎俩，修浚昆明湖时，其工程之巨大，恐更甚于修复颐和园。而所作《昆明湖记》，则又托词于灌溉、输运等事。帝王神圣不可侵犯，又谁敢向之质问乎？吾因此以思，汉武之昆明习战，亦毫无结果之事，又焉知其非自欺欺人，如乾隆、孝钦之所为耶？然周家宫室制度，造成中国特殊风气，二千余年，至今未改。而汉家园林布置，亦复为此道大师，即后世英主，亦复不能出其范围。如周公、武帝者，亦不能不谓之曰人杰也矣！

以上为历代皇室所有园林之大略。至亲贵达官以及民间所有之园林，其布置原则，不能出以上范围，但有大小繁简之不同耳。最古者为《西京杂记》所记茂陵袁广汉之园，其记建筑物，则曰："屋皆徘徊联属，重阁修廊，行之移晷，不能遍也。"其记风景，则曰"激流水注于内，构石为山，连延数里，高十余丈"。又曰"积沙为洲屿，激水为波澜"。至其中所有，则珍禽异兽、奇树异草，充牣其中，几与上林《西京赋》中所敷陈者无异。是中国民间园林，至汉时已规模完备，后世所有，不能过也。唐之两京，名园特夥，白乐天常曰"吾有弟在履道坊，五亩之宅，十亩之园，有水一池，有竹千竿"。此园之小者也，专重水竹，以偏取胜。《贾氏谈录》曰："赞皇平泉庄，周四十里，堂榭百余。"此园之大者也。又曰，"天下奇花异草，珍松怪石，靡不毕致"；又曰，"怪石名品甚多"。盖规模既大，故能应有尽有。两京名园，至宋时犹有存者，当时此风亦盛。文潞公园，水渺弥甚广，泛舟游者，如在江湖间。富郑公园。亭台花木，皆出其目营心匠，故能闳爽深密，曲有奥思。两公皆儒林重望，其所自奉，犹复至此，则当时之贵族豪右，拥有多资者，更可想而知矣。更无怪道君皇帝，挟天子之势力，具审美之眼光，安得不注意及于花石？骚扰穷于东南也。自宋南渡以迄明初，苏、杭、扬州之园林，甲于天下，流风所播，及于今日，尚复如是。有清盛时，各御园中所有兴作，常有取法于南方故家园林及各处名胜者。今记《日下旧闻考》中所记者如下：

圆明园内之安澜园，一名四宜书屋者，仿海宁陈氏园。

圆明园内之小有天，仿西湖汪氏园。

颐和园内之惠山园，今名谐趣园者，仿无锡秦氏寄畅园。

此取法于名园者也。其取法于各方名胜者，如圆明园之苏堤春晓、平湖秋月、曲院风荷，皆仿杭州西湖；清漪园内之望蟾阁，仿武昌黄鹤楼：避暑山庄之天宇咸畅，仿镇江金山寺；烟雨楼仿自苏州古寺；颐和园中之夕佳楼，仿自临潼华清池。

《名园记》曰："园圃之胜不能兼者六：务宏大者少幽邃；人力胜者少苍古；多水泉者艰眺望。"此计划园林不可不知者。

世说简文帝入华林园，顾谓左右曰"会心处不必在远；翳然林木，便自有濠濮间想；觉鸟兽禽鱼，自来亲人"。此种心理，实为人类最高尚之情感，创作园林者，应在此等处注意。

中国文化至周代，八百年间而极盛。人为之势力，向各方面发展，大之如政治学问，小之至衣服器具，莫不由含混而分明，由杂乱而整齐。而生息于此世界者，长久缚束于规矩准绳之内，积久亦遂生厌。故春秋战国之际，老庄之学说，已有菲薄人为返求自然之势。人之居处，由宫室而变化至于园林，亦即人为之转而求安慰于自然也。故园林之制，在周时已有萌芽，历秦至汉，而遂大盛。宫室皆平屋，而园林多亭阁，取其各个独立，便于安置。疏密任意，高下参差也。此无异对于人为之左右对称，务求一致者，直接破坏，而返于自然之天地。更进而竹篱茅舍，犬吠鸡鸣，借乡村之风味，洗尘市之繁华，此则尤近于自然矣。又或如沈休文《郊居赋》中之"织楮成门，编槿为篱"，此又直接利用天然，而人为之处尤少。居处之外，务模拟天然之风景，大之一山，小之一石，宽者如湖，狭者如溪，而附属于山水者，则有溪谷之萦回，洞壑之深邃，洲岛之迤逦，瀑泉之洒落，而植物动物之荫翳于山巅水涯，飞鸣于花晨月夕者，更无论矣！然模拟过于深刻，调和过于精致，则又嫌人为太过，与天然之本旨相背。日本之园林，即不免此病。中国者尚未至此，但患其不尽合法耳。而如庾子山《小园赋》之所谓"山为篑覆，水有堂坳，离披落格之藤，烂漫无丛之菊者，亦自不衫不履，别含逸趣"。文人之所谓园，大抵如是也。清代南方名园之有图在《南巡盛典》者：

扬州高泳楼图：见九十七卷之十七页；

无锡寄畅园图：见九十八卷之八页；

苏州狮子林图：见九十九卷之四页；

嘉兴烟雨楼图：见一百二卷之二页；

海宁安澜园图：见一百五卷之九页；

西湖汪氏小有天园图：见一百四卷之十一页；

扬州倚虹园图：见九十七卷之八页；

扬州净香园图：见九十七卷之九页；

扬州趣园图：见九十七卷之十页；

扬州水竹居图：见九十七卷之十一页；

扬州小香雪图：见九十七卷之十三页；

扬州九峰园图：见九十七卷之十八页；

扬州瓜步锦春园图：见九十七卷之二十一页；

常州舣舟亭图：见九十八卷之五页；

苏州沧浪亭图：见九十九卷之二页；

苏州寒山别墅图：见九十九卷之十页；

苏州千尺雪图：见九十九卷之十一页；

苏州高义园图：见九十九卷之十三页；

浙江漪园图：见一百五卷之二页；

浙江吟香别业图：见一百五卷之三页。

其见于《鸿雪因缘图记》者：

扬州高咏楼图：见二集下之十八页；

无锡寄畅园图：见一集上之二十四页；

半亩园图：见三集上之二十八、四十一各页，及三集下之

十二、十五、三十七各页；

又苏州拙政园图，文衡山绘，中华书局有印本（图2）。

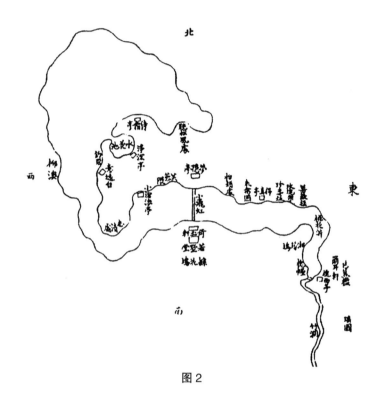

图 2

叠石为园林中不可少之物，汉袁广汉之构石为山，已知用石。《南史》"到溉居近淮水，斋前山池，有奇礓石，长丈六尺"。此似今世含有砂砾之松皮石也。《旧唐书》"白乐天罢杭州，得天竺石一，苏州得太湖石五，置于里第池上"，此太湖石之初见于载笈者。《长庆集》曰"石有族，太湖为甲，罗浮天竺之徒次焉"。同时，牛僧孺洛阳归仁里第，多致嘉石美木，白居易有和牛《太湖石诗》。李赞皇平泉庄，怪石名品甚多，赞皇有《叠石诗》。《会昌一品集》曰："德裕平泉庄，天下奇珍，靡不毕致。日观震泽巫岭罗浮桂水严湍卢阜漏潭之石在焉"。台岭八公之松石，巫峡严湍琅琊台之石，布于清渠之侧，仙人鹿迹之石，列于佛榻之前。至宋艮岳，更以石著，始采石于南方。元时遂借漕运之力，自南方运石来（《钤山堂集》"元人自南运石北来，每重准粮若干，故俗呼为折粮石"）。今北平园囿中所有，其青色玲珑者，皆金人自艮岳运来。及元、明两代，续自南方运来之石，其黄色礌砢者，则出于永宁山中。至青色成横片者，亦取自附近诸山，非南来物。

叠石名词，始见于唐，而盛于宋。其后名工，有陆叠山，所叠有杭城陈氏、许氏、洪氏各园，见《西湖游览志》。明末有张南垣、华亭人，所叠以李工部之横云、虞观察之预园、王奉常之乐郊、钱宗伯之拂水、吴吏部之竹园为最著，见《吴梅村文集》。南垣之子陶庵所叠，有宛平王氏怡园，见《居易录》。所谓变化为山者也，清初有僧石涛、仇好古、董道士、王天于、张国泰诸人，皆称能手。后又有常州戈裕长，所叠有仪征之朴园、如皋之文园、江宁之五松园、虎邱之一树园。见艺能编，此为中国人独创之艺术，非他国所有。

东坡《飞英寺诗》曰"微雨止还作，小窗幽更研，盆山不见日，草木自苍然"。此即今日盆景中之小山也。文衡山《拙政园图诗·尔耳轩题下》曰"吴俗喜叠石为山，君特于盆盎置上水石，植苍蒲、水冬青以适性"云云，亦即是物，皆叠石之缩影也。上水石，即洞穴中钟乳，质为微管合成，置水中，能吸水上升，全体皆濡，故曰上水，今北方如京、津等处，尚袭是名。

# 第五章　庙寺观

　　古人重祭，祭分神祇与祖宗两种。祭神祇在坛位，祭祖宗在庙。后世又有宗教，各祀其所信仰者，佛教者曰寺，道教者曰观。然自建筑上观之，除坛之外，庙也、寺也、观也，皆平屋也，因左右相对之习惯，而有三间、五间之平屋，合三所三间、五间之平屋，为一三合之院。居宅之布置，以至天子、王公之居处，皆不外此形式，所不同者，间数、院数之多少耳。庙与寺观亦然，与住宅相较，不过装饰之不同耳。考其名称之由来，凡一平屋之内，小间之在后者，为室、为房，在左右者，曰厢。庙者，有室无厢之平屋也，后乃专用于栖神之所。寺原为公署之名称。《左传注》"自汉以来，三公所居谓之府，九卿所居谓之寺"。汉明帝时，佛法东来，初置之于鸿胪寺，后即就其处居之，即洛阳之白马寺。白马云者，佛经由白马驮来也，是为佛寺之始。自此，僧徒之所托，佛像之所在，遂袭寺名。凡台上之有屋者，一曰观，谓登其上可以观览也。汉武帝因方士之言，谓仙人好楼居，楼者台上屋之名称，而台上之有楼者曰观，于是于长安作蜚廉观、挂观，于甘泉做益寿观、延寿观，使公孙卿持节设具而候神人，道士之祀神处曰观，当自此始。其后虽改用平屋而仍袭观之名。游观之建物，若楼阁亭等，寺观中亦有之，而大抵有实用，如楼阁以藏经，以供像，以置钟鼓；亭以设碑。又塔为佛寺独有之物，但不能凡寺皆具，有时反以塔为主，如所称塔院者也。历代佛寺，常有由外来沙门规划而成者，因之常有印度或西域之结构。大之如前秦之敦煌石窟，北凉之凉州石窟，北魏之云岗、龙门，南朝之栖霞等石窟；明正觉寺、清碧云寺之金刚宝座，皆仿印度旧寺。热河之布达拉及扎什伦布（图1），皆仿西藏大寺。又附近大佛寺（图2），亦由印度式变来。小之为建物上之装饰，如屋顶之火珠（图3）、门窗上之钟形、或分瓣之穹形（图4）、扉上之琐文、檐下之朱网、门外之蹲兽［汉画中多鸟兽之形，然两狮相向而

图1

仿印度金刚宝座
清康熙六旬万寿
时蒙古诸藩
建以祝釐者

中国仿
印度之
者始于
唐时之
真定多
宝塔一
变为明
之五塔
寺山又
仿五塔
寺而变
塔高广

图 2

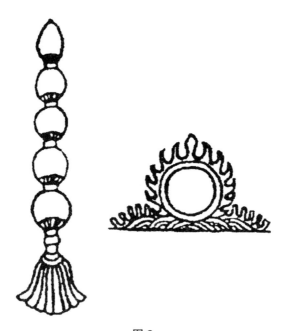

图 3

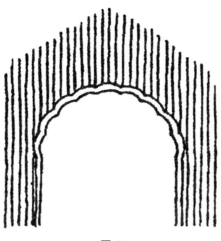

图 4

坐之形，始见于北魏正光六年（525年），曹望禧造像及孝昌三年（527年）造像]，及花纹中之卷叶瓣华佛花（今名西番莲）、八宝（轮、螺、伞、盖、花、罐、鱼、长）等，皆随佛教传来者也。六朝唐以来，佛教罪福之说，深入人心，故常有舍宅为寺之举；而世主率多好佛，臣下化之，宫廷化之，伽蓝之建筑，有较宫室为精丽者，像设之处，常袭用宫殿之名称。唐、明两代，阉宦最盛，若辈肆意侵渔，坐拥厚资，无子孙以承受，而又慑于罪福之说，故两代佛寺之庄严，由于宦官之施舍者不少。道观之兴作，亦有由上述诸人所提倡者，但终不及佛寺之盛而且久。庙本为祀祖宗之处，天子宗庙之外，臣下曰家庙，曰家祠。而非佛、非道之神祀之处，亦谓之庙，然其结构，固无特殊之处也。

　　以上五种，皆由用途上分类，除城市明堂外，每种皆可含有各式之建物，且各有甚悠久之历史。此外，廨署则为殿堂之缩影，别墅则为园林之异名。而近今南方公署大堂，犹存有古代士寝之遗式，士寝之中央为堂（图5），与署中大堂之所谓暖阁者绝似（图6）。又士寝之前面无壁及门窗等，南方之大堂亦然（前面无壁及门窗等，南方寺庙及居宅之中一间，亦皆如此，不仅公署），此周制之仅存者也。

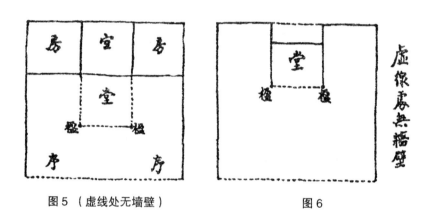

图5 （虚线处无墙壁）　　　　　图6

关于建筑物中材料组织之单位（如栋梁柱等），因革损益，可考者多，藻亦少有论列，但未整理就绪，本书皆未涉及，杀青问世，期之异日。

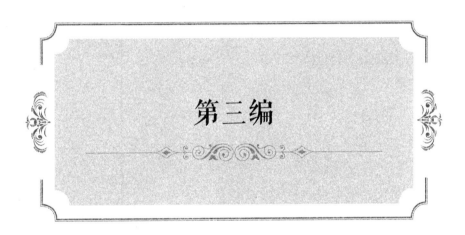

第三编

# 中国建筑上之美

　　居宅本实用事物，人类自穴居而进化，为栖息于地面计，就其附近所能得之物质，构成种种形式，以为安身之所。初无所谓美也，然爱美之性，人类以前之动物已具有之。最著者如花亭鸟，能作有间架之结构，用花果鸟羽为饰。人类虽在野蛮时代，爱美之痕迹，亦随在发现，如考古学家所收集之绘画雕刻等皆是。就建筑言，其初形式简率，用树干以为柱，用树枝以编项，盖以茅茨，糊以湿泥，如是而已。当此之时，但求能支持坚固而已。然使稍有余力，则对于居室，亦必稍求改良，适于观瞻。及至智力进步，则其居室亦必随之进步。故野蛮人之住室，所用树干树枝，去其槎枒小枝而已，所盖茅茨，所糊湿泥苟求其能结合而已。至半开化主人，则已知进求整齐，树干树枝，或砍之使直，或刨之使平，斗笋合缝，求其严密，盖草则剪之使齐，糊泥则镘之使平。此等进步之原因，虽半由于实际上之需要，而好美之观念，亦实居其半数。中国在尧舜以前，已经达此时期。三千余年，直至今日，虽不能不谓之已有进步，而以之与欧洲建筑相较，则不免相形见绌。然其特殊之气象，蕴蓄之情趣，不特智识阶级对之爱重，即世界建筑学家，亦一律的重视，指为东方文化表现之一方面。盖此时之相形见

绌者，非建筑本身之不能发达，实因思想歧出，妨害其进化之
途也。

欧洲建筑所以有今日之美备，亦由逐渐改进而来。中国至
尧舜以后，正当蒸蒸日上之世，而此后为专制政体，政治道德为
保育主义，以爱惜民力为主。当时自天子诸侯以至卿大夫，日
用取给，皆出于民。故为政者，以俭省为法，奢侈为戒，惟恐
在上者稍有浪费，则取于民者必多也。故就居处而言，尧舜时
犹茅茨土阶，禹卑宫室，为后世所称道。夏桀始为陶室，不过如
今日之砖房耳，而后世谓其无道。春秋时，臧文仲山节藻，棁而
孔子非之。同时诸侯贵族，因崇饰宫室而致国家危殆者，尤指不
胜屈。秦一统天下，奢靡无度，民不堪命，故再传而遂亡。汉人
谈政治者，每举秦事以为戒，就中对于建筑上之浪费，攻击之者
尤众。于是大兴土木四字，为人君之一种失德，此种心理，直至
近世。故皇帝每有兴造，大臣言官之忠谅者，常有谏阻之事。以
此之故，中国学术方面，建筑一门，最感缺乏。盖因政治道德之
故，智识阶级不敢谈及此事，恐一旦为人所知，必讥其提倡奢
侈，若在居官之人，尤受嫌疑，甚至疑其献媚人君，道之入于浪
费一途也。然美之与奢，究属两事，奢者不必遂美，美者亦不必
定奢。我国智识中人，因戒奢之故，远并美之一方面，亦不敢涉
及藩篱。以致数千年来，建筑之学，无人整理，无人研究。一切
经验，仅借工匠之口耳相传，往往得其糟粕而遗其精华，以致不
能有显著之进步，殊可惜也。

论中国建筑可以平屋为代表，平屋之外，有曰台者楼者阁者
亭者廊者塔者。自台以下，皆有特殊之结构。今但以四架三间之

平屋，为本论之出发点。凡中国人主居处，自天子以至于庶民，皆属此式。其所以有差别者，一、间数上之差别。二、每间体积大小之差别。三、材料上之差别。四、装饰上之差别。

间数上之差别：则一间两间，多则九间以至十数间。

材料上之差别：如屋上之覆，普通皆用陶瓦，贫者或用茅茨，富者或用铅板。

帝王则皆用琉璃，屋下之基，贫者或仍土阶，富者则皆用石，帝王则皆用白云石，至木材上之差别，尤不一致。

装饰上之差别：有全无装饰者，有特别加精者，如宫殿上之装饰，几于不见材料本色矣。

至于美之存在不特与多少（间数）、大小（每间体积）无关系，即与材料之贵贱、装饰之有无，亦无关系。盖材料之贵者固有美，然亦不能无恶，贱者亦有美有恶。装饰之目的在美，若用之不得其当，亦不能不谓之恶，无装饰者，亦自有其美恶之可指也。美之表现，在形式色泽及装饰物之间，下分论之：

一、形式。内分三项：甲、轮廓，乙、面幅，丙、条线。一建筑物之到眼，最初所见，即为轮廓。或取直势，或用横势；或示浑朴，或示峭厉；或厚而重，或秀而清。而边线之有横有直，有斜有曲。斜线曲线，又各有其斜曲之程度。由此种之边线，以成形式上之广狭大小，以示一敛一纵之观，然后由此种种配合，以成一建筑物之轮廓。于以表现种种之意态，（上所定直势横势等）此就其全角言之也。再就其各部分言之，其广者为面幅。面幅有三，曰正面，曰侧面，曰屋顶之斜面。正面分为三部，中者较大，左右者较小，侧面为屋之两端，上为尖顶，下为长方形，斜面为屋顶，作斜方形，由此三者之高低广狭，及而斜之程度，互相配合，而显得失。部分之小者为条线，由此条线，以示横材竖材或一窗一门之形象，更由此种形象在轮廓及面幅上所占位置，而观其是否合法。

二、色泽。中国建筑上材料，不外土石木砖石灰五种。土为黄色，木有黄白灰等色，砖为苍青色，（间有红色，人多不喜用）瓦为苍黑色，石灰为白色。此皆天然原色，不待加工者也。合而用之，可成一种古淡静穆之色，置之于绿树之旁，青天之下，自觉清雅宜人。

以上为一所四架三间之平屋，除实用所需者外，不加一点涂色与一点装饰物，赤裸裸的一所中国居宅也。近人讲求中国建筑之美，专在宫殿祠庙及装饰涂色上注意，此非完全之眼光也。譬如人体之美，是存于人体各部分，非存于衣服及装饰品。衣服装饰品固自有其美。然不可以之当人体之美。建筑亦然，不用一点装饰，亦可以得高尚优美之致。即就此三间之物，先从实用上措置完备，次在轮廓上注意，使正面侧面斜面之配置得宜，次在部分上注意，使幅面之广狭，条纹之长短粗细，各适其度。再善用木材之浅黄色，砖瓦之红青色，石之青黄色与石灰之白色，以美术之眼光调剂之，一样可以得建筑上之美。不特三间之平屋为然也，即扩而大之，七间九间，三院五院，亦未尝不可以利用此种物质，表示一种简素之美。吾可以就太和三殿之结构，用此种理论改造之，使之成一种简素之伟大建筑。

三、装饰物。装饰物者，于实际应用之外，更求各种之美观也，可就各方面观察之。以建筑物之部分言：有屋顶之装饰，纵面之装饰，内容之装饰，基址之装饰，庭院之装饰，及门墙之装饰。以技术言：有涂绘，有雕刻有塑铸，有镶嵌。以物质言：木上多用涂绘及雕刻，石上专用雕刻，砖上用刻或塑烧。

金属则用铸造，以各省习尚言之，北方木材上多用涂绘，砖上常用雕刻。南方则绘画多施于砖面石灰之上，兼有塑像，木上则常用雕刻，且多有不涂色者。惟石上用雕刻，则南北皆同。

建筑物上之美，无装饰者在形式与色泽之自相调和，有装饰者在装饰物各部之自相调和，更与形式色泽之互相调和。一幅绘画，一片雕刻，技术之不佳，固无论；技术佳矣，而施之不得其当，能令花纹与质地，同时失其美观。又花纹与质地所占面积之比例，前者应居少数，后者应居多数；应以花纹饰质地，不应以花纹代质地。东方美术，花纹每病其太多，一宏大建筑物之营造，当其事者莫不有与前人争胜之心，然不能在形式上新开天地，无所用其心力，则但能在装饰上设法。而装饰上技术，亦复不能更求新异，但就此陈陈相因之旧样，反复用之，其所谓进步者，细而已矣，多而已矣。除细字与多字之外，几无再用心思之余地，此我国美术上普通之病象，而建筑上亦复不能免焉者也。就此四架三间之平屋言，无论贵贱，皆此式也。极之至于皇帝之太和殿，不过其材料加大加贵，间数加多，容量加大，装饰物加细加密而已。其基础形式，固与平民之所居无异，不特居人者如是。推之宗教鬼神之所居，亦莫不如是。不能在形式上求变化，甚至不知在形式上求美观。一言及建筑方面，遂若舍装饰物外即无所谓美者，此装饰之所以烦而不精，而形式之美所以不能发达也。

太和殿每扇格门上皆满以雕刻，甚至铜件上亦皆极细龙文，可谓繁矣。至阶面上亦然，尤出人意想之外。

吾非谓装饰之不应有也，但谓形式之在建筑上，其重要过于装饰。要之两者不可偏废，当为平行线之进展，而我国伊古以来，同一偏见，于是装饰日繁，靡费日多，士君子避而远之，不肯过问，其事乃为工匠专业，前所谓因思想之歧出而妨害其进化之途者，此也。既知其病之所在，则矫正之法，即由是出。就所有之形式，及所用之装饰，不问古今，不开方域，不问阶级，不问贫富，但有属于我中国风者，博采而精选之。就种种之方面，作种种之分类，以储积吾人之资粮，以运用吾人之思力，则即此三千年来进步迟钝之建筑学，分析之，综合之，溶化而升提之，亦甚有发挥光大之余地。

三千余年相承而下之建筑学，非无进步也，不过比较的迟滞耳。尧舜时犹茅茨土阶，至夏桀而已有陶室，至秦汉之一统后，而国力乃骤强，于是万事皆勃兴，而建筑亦因之而大盛，自是而唐而宋，乃为中国建筑极盛之时化。唐宋建筑，可于唐宋之旧画中，见其概略。但非图不明，而辗转翻印，亦不易明了，今姑从阙。汉以来之建筑，则只能在词赋中求之，然引证乃较图画为便利。

唐宋旧画之可作建筑参考者，有有正书局出版之唐张萱虢国夫人游春图，宋朱锐摹唐王右丞之风城春信图、宋人画太古题诗图、汉宫春晓图，俱见于名家书画集中。宋李嵩内苑图（原题唐人院庭春赏仕女，不确，此画为明王弇州旧物，所指为德寿宫图者也）及无名宋画两幅。俱见于宋人图绘中。商务印书馆出版之黄鹤楼图、滕王阁图，俱见于天籁阁宋人画册中。南宋马远山水、李嵩溪山楼阁扇面，俱见杂志中。延光室出版之马远松风楼观，见唐宋名绘集册中。又古物陈列所中有赵伯驹仙山楼阁图大幅。此外，如明之仇英，清之袁江袁曜，其所作画中，亦多工细楼阁，皆因袭唐宋旧画而来，亦可作参考品。

今借汉人辞赋，以示当时建筑之程度，如班固之赋东都曰：

> 树中天之华阙，丰冠山之朱堂。因瑰材而究奇，抗应龙之虹梁。列棼橑以布翼，荷栋桴而高骧……发五色之渥彩，光焰朗以景彰。
>
> ……
>
> 尔乃正殿崔嵬，层构厥高，临乎未央，经骀荡而出驺娑，洞枌诣以与天梁，上反宇以盖戴，激日景而纳光。

前言未央，后言建章，皆极形容其闳丽也。

> 昭阳特盛，隆乎孝成，屋不呈材，墙不露形。……精曜华烛，俯仰如神。

此言后宫之繁丽也。

> 自未央而连桂宫，北弥明光而亘长乐。陵磴道而

超西墉，棍建章而连外属。设璧门之凤阙，上觚棱而栖
金爵。

此言殿阁之曼延都城中外，而更相连属也。

　　内则别风之嶕峣，眇丽巧而耸擢。张千门而立万
户，顺阴阳以开阖。……神明郁其特起，遂偃蹇而上
跻。轶云雨于太平，虹霓回带于棼楣。虽轻迅与僄佼，
犹愕眙而不能阶。攀井干而未半，目眴转而意迷。舍栈
槛而却倚，若颠坠而复稽。魂恍恍以失度，巡回途而下
低。既惩惧于登望，降周流以彷徨。步甬道以萦纡，又
杳窱而不见阳。排飞闼而上出，若游目于天表，似无依
而洋洋。

此极言观阙之高峻，能令登者徜徉而失志也。司马相如之赋
上林曰：

　　于是乎离宫别馆，弥山跨谷，高廊四注，重坐曲
阁，华榱璧珰，辇道纚属，步櫩周流，长途中宿。

扬雄之赋甘泉曰：

　　于是大厦云谲波诡，摧唯而成观。

此皆言苑囿离宫之广布也，以上皆天子之居也，王延寿鲁灵光殿赋曰：

> 崇墉冈连以岭属，朱阙岩岩而双立，高门拟于阊阖，方二轨而并入……动滴沥以成响，殷雷应其若惊……万楹丛倚，磊砢相扶。……中坐垂影，俯视流星。……周行数里，仰不见日。

此不过诸侯之居耳，其气象之峥嵘若是，至其写士庶之居处，则又表示出一种清雅闲适之境，司马相如《美人赋》曰：

> 上宫闲馆，寂寞重虚，门阁尽掩，曖若仙居。臣排其户而造其堂，芳香芬烈，黼帐高张。……时日西夕，玄阴晦冥，流风惨冽，素雪飘零，闲户寂静，不闻人声。

闲居之宅，多尚简素，且多借天然之景物以为点缀，沈约郊居赋曰：

> 迁甍牗于兰室，同肩墙于华堵。织宿楚以成门，借外扉而为户。既取阴于庭槛，又因篱于芳杜。开阁室以远临，辟高轩而旁睹。渐沼沚于溜垂，周塍陌于堂下。

此种风趣见于诗中者，多不胜计，其有关于市廛之建物者，有如西京赋曰：

> 廛里端直，甍宇齐平。

此即西人市政论中所谓屋基线也，此并檐宇亦求齐平，可见古人对于建筑之程度，已由个人而进为地方的矣。廛里端直，旧北京有之；甍宇齐平，则今文明国之都市，尚未能办到也。

总而言之，中国建筑在形式上与装饰上，皆有特殊之气象与深远之情趣。曩者因无人整理，故未能充分发展。改良之期，其在此时矣。因欧人学术之输入，而借镜有资，因印刷照相之发达，与宫室苑囿之开放，而参考标本，易于收集，不出十年，此学其可确立矣乎。因古人取径之歧误，与今人眼光之未能集中于正鹄也，实为斯学成立之障碍。故敢就其所得，著为斯篇，究心此道之君子，其有以见正焉。

# 中国今日建筑之改良宜经过一仿古时期

　　一种艺术必有其进步之时期与其成熟之时期，迨至成熟以后，则进无可进，于是后人但有仿效之余地。然仿之日久，则又仿无可仿矣，于斯时也。但有一法，借旧基础辟新天地，此所谓创造之说，也古今有绝对之摹仿。而无绝对之创造，以其皆有所凭也。然则创造亦不足为荣，摹仿亦不足为辱，但恐摹仿成功，而故步自封，是则辱矣。若但借摹仿以为创造之阶梯，则摹仿与创造，又有何界限之可言？

　　我国艺术界，从来占最高之地位者，为书与画。书之进步时期在两汉，而当时书家不自觉也。书家之自觉，在汉魏之际，至晋王右军而成熟。其流风余韵，直至今日而未绝。然至清之中叶，已至进无可进之时，于是舍晋而求之元魏。北碑造像，盛绝一时。至今日又反而求之周秦两汉，或更进而求之殷墟甲骨。虽其时代有先后，然其为摹仿则一。字乎字乎，其尚有可以新辟之一境乎？是未可知也。画之进步时期在六朝，而其成熟则在唐及五代，至宋末而其道遂穷。于是元四大家，又反而求之于唐五代，今犹在此潮流中也。而其中求之于汉画者有之，求之于来人之减笔画者有之，要之亦至仿无可仿之时期矣，此近今艺术改造之所以腾于人口也。

我国艺术界中，向无建筑学之位置。然其与人生关系之切，几如饮食衣服之不可以须臾离，虽欲置之不问，不可得也。而世主侈心之所寄，与乎士大夫文酒风流之所托，实于无形之中，驱无数人之心思材力，以促其发达。观于汉人之赋宫室，可以知之矣。前有杨子云，后有班孟坚，而张平子尤工写此。然其所可知者，气象之雄丽，与彩饰之繁缛而已。而形式构造，非图不明。西京制度，向惟有三辅黄图一书，流传既久，书存图佚，故所谓历十二之延祚、度宏规而大启者，今不可以目求矣。有唐文化为中国极盛时代，长安宫室，承自杨隋，其规模之宏大整齐，直撧炎刘而上之。朱三一炬，祸尤过于赤眉，虽长安图志载其部分綦详，而其图实粗疏不足据。然当时遗制，尚有可以间接得之者，有两道焉。唐人图画，间有楼阁，所谓界画者也。经宋人之辗转临摹，虽神采不同，而规模具在。同道之士，一见了然。日本文艺，最初传自有唐，千数百年，保守无失。故我国初至日本者，睹其风趣，辄有唐人诗境之感。就中建筑，尤多唐式，证以宋画，往往密合。宋人建筑不能出唐人矩度，今世所传，有营造法式一书，其中分大木小木诸篇，附图亦甚详细。但有部分而无综合，有内容而无外表，盖为一种程序之书，国家营造，据以审核且但属工程一方面。若就美术方面言，则反不如唐宋以来旧画中之所示，令人神游其中，可以得昔人精神之所寄。故考我国建筑之历史，其初盛于秦汉，中更祸变，遗迹荡然，仅能在汉人词赋中得其大略。其次，至隋唐而大盛，虽实物之不可得见，与汉代同，而因其时界画之发达，木石之不能自存者，转能借毫素之力以永世。宋人承之，推阐弥尽。于是唐宋之规模，皆可于旧画中见之。

　　大凡一种艺术之进化，莫不各有其止境。至进无可进，则摹仿之事以生，至仿无可仿，则改造之机以动。就旧画中考求建筑，似至天水一朝已到成熟之期。明清两代，宫室具在，较之前人，实感退化。但就紫禁城角楼而言，在今日为杰出之作，在唐宋乃为习见之物。宋院画中黄鹤楼，实为此建物之粉本，是可知退化之说之不为过矣。故就字画言，摹仿之时代已过；就建筑言，摹仿之时代方来。先求勿忘其所能，再求知其所无，此吾人今日应取之方针也。欧洲文艺复兴时代之建筑，必反求之于希腊，亦此志也。然则勿忘其所能者奈何，曰：汉代之建筑，求之于汉人之词赋；唐宋之建筑，求之于唐宋之旧画，与日本之旧建筑。此皆吾先民之所已能者，吾人今日之所应取资者也。至进求知其所无，则又属于创造之范围矣，是在将来。

# 后 序

　　人人各有其性之所好，但在道德范围之内。我之所好，即我相当之职业，亦即我对于社会之责任。人人各能尽其责任，国家之兴，庶有冀乎？余生而好建筑学，自幼年既有感觉。十数岁时，即知计画。二十岁以后，潜心为之，直至六十之年，始成书。顾余不善治家人生产，老而益困，书虽成而无资以付印也，又数年矣。余女令芬既于归之翌年，以其奁资之所余，为余付印于杭州，便于为我绘图且助校也。资力原薄，久而未竣。黔中友人之资助又以道阻，未能达。幸老友许君石楠助余四百元，而功始成。许君之为我谋也久矣，因其夫人久病，医药多费，未遑及也。夫人病终不起，弥留时，以其数年持家勤俭之所积者，还许君，且言，愿以此数，助许君践助我之成诺。而余是书遂得就正于世人。贤哉夫人！也不以余之所识者小，而辛苦以成许君之美。而余毕生之所以引为责任者，至是终获一结论，是可感也，乌不可志。夫人姓路，讳彬，字淑娟。路氏，吾黔毕节之著姓也。

民国二十二年五月　嘉藻记